黄河國家治理文獻集成（民國卷）第二十五册

《黄河國家治理文獻集成》編委會 編

總第八十九册

黄河堵口工程

行政院新聞局 編

張博原 選編

黄河治本論初稿

成甫隆 著

張博原 選編

內蒙古出版集團
內蒙古人民出版社

圖書在版編目（CIP）數據

黄河堵口工程 / 行政院新聞局編 ; 張博原選編. 黄河治本論初稿 / 成甫隆著 ; 張博原選編. -- 呼和浩特 : 内蒙古人民出版社, 2025. 8. --（黄河國家治理文獻集成）. -- ISBN 978-7-204-18466-8

Ⅰ. TV882.1

中國國家版本館 CIP 數據核字第 2025LV4686 號

黄河堵口工程　　黄河治本論初稿

行政院新聞局　編　成甫隆　著

選　　編	張博原
策劃編輯	何可欣
責任編輯	賈大明
裝幀設計	劉那日蘇　吉　雅　安立新
責任監印	王麗燕
出版發行	内蒙古出版集團　内蒙古人民出版社
地　　址	呼和浩特市新城區中山東路 8 號波士名人國際 B 座 5 層
網　　址	http://www.impph.cn
印　　刷	内蒙古愛信達教育印務有限責任公司
開　　本	880mm × 1230mm　1/16
印　　張	12.75
字　　數	150 千
版　　次	2025 年 8 月第 1 版
印　　次	2025 年 8 月第 1 次印刷
印　　數	1—1000 册
書　　號	ISBN 978-7-204-18466-8
定　　價	108.00 元

如出現印裝質量問題，請與我社聯繫。聯繫電話：（0471）3946120

編纂委員會

引言

千古河流成沃野，幾年沙勢自風湍。

得益于黄河冲積所帶來的疏松土質和有機物，中華先民利用石製工具開始了農業生産，并逐步發展出旱地粟作農業，『能够最大程度保障食物供給的穩定性，奠定了中華文明起源和形成的堅實基礎』〔一〕。而利用河水灌溉，提高區域可預測農業産量，『在産業史上起着最有决定性的作用』〔二〕。隨後，技術進步、經濟發展、人口增加，讓先民的文化生活大爲豐富。嚴文明先生評價道：『這是一場影響深遠的革命。』〔三〕在這場革命中，平衡水、沙、産、人四者之間的關係，始終是黄河治理的核心問題。四者關係一旦失衡，就容易引發諸多灾患。

歷史上，黄河下游因人口稠密、經濟發達，一直是學術界關注的重點。但自河源至今内蒙古托克托縣河口鎮的黄河上、中游區域，雖遠離王畿，人口稀疏，却也一直備受關注，人們逐步認識到黄河全流域治理是國家的重要任務。《漢書》載：『堤防之作，近起戰國，雍防百川，各以自利。』〔四〕没有全流域的協同治理，僅靠各地分段築堤，則黄河河患無法解决。秦建立了中國歷史上第一個中央集權大一統王朝，秦始皇東巡碣石，刻石銘記『决通川防，夷去險阻』〔五〕，開啓中央政府調動各要素治黃之先河，這『在中國，實質上是國家的一種職能』[六]。同時，國家通過對黃河的有效治理，爲沿黃流域人民群衆乃至其他地區人民群衆提供了重要的公共物品和産業支撑，成爲人民群衆眼中中央政府的功過評價指標之一。因此，治黃在增强沿黃各族群國家、政治、文化認同的基礎上，强化了中國大一統國家的合法性，成爲歷代國家治理能力的一個重要測度。

一、黃河治理維護了國家的社會穩定

從秦并六國到漢朝建立大一統國家，中國統一的多民族國家形成并得到初步發展。當時中央政府對所轄疆域有『北邊郡』和『内郡』之稱。内蒙古額濟納旗出土的居延漢簡有載，『豤（墾）田以鐵器爲本北邊郡毋鐵官印器内郡令郡以時博賣予細民毋令豪富吏民得多取販賣細民』，可以看出北邊郡是與内郡相對應的行政管轄區域。《史記》卷二十八『封禪書第六』載：『上乃遂去，並（并）海上，北至碣石，巡自遼西，歷北邊至九原。』[七]。《史記》卷三十『平準書第八』載：『天子北至朔方，東到太山，巡海上，並（并）北邊以歸。』[八]司馬遷多次提及北邊，足見統治者對北邊治理的重視。

漢武帝時，齊人延年提出從今内蒙古引黃河水經今北京一帶，向東注入渤海，以衛北部邊疆。『是時方事匈奴，興功利，言便宜者甚衆。齊人延年上書言：「河出昆侖，經中國，注勃海，是其地勢西北高而東南下也。可案圖書，觀地形，令水工準高下，開大河上領，出之胡中，東注之海。如此，關東長無水災（灾），北邊不憂匈奴，可以省隄（堤）防備塞，士卒轉輸，胡寇侵盜（盗），覆軍殺將，暴骨原野之患。天下常備匈奴而不憂百越者，以其水絶壤斷也。此功壹（一）成，萬世大利。」』[九]《史記》卷二十四『樂書第二』載：『天馬來兮從西極，經萬里兮歸有德。承靈威兮降外國，涉流沙兮四夷服。』[十]如今，包頭地區出土了『四夷盡服』瓦當，出土文物與傳世文獻的呼應，成爲黄河治理維護祖國北部邊疆穩定的見證。

《史記》卷三十『平準書第八』載：『嚴助、朱買臣等招來東甌，事兩越，江淮之閒（間）蕭然煩費矣。唐蒙、司馬相如開路西南夷，鑿山通道千餘里，以廣巴蜀，巴蜀之民罷焉。彭吳（吴）賈滅朝鮮，置滄海之郡，則燕齊之閒（間）靡然發動。及王恢設謀馬邑，匈奴絶和親，侵擾北邊，兵連而不解，天下苦其勞，而干戈日滋。』[十一]清代《汾陽縣志》卷十三『藝文』收録曹學閔《開修黄蘆嶺車路紀德政碑記》，上載：『永寧州，界連西陲，北達邊外歸綏諸路，商賈遠貿粟麥，泛皮船隨黄流南下，聚于州西磧口，一府之民仰利賴焉。而東至太原，南抵平陽，州縣凡二十餘，亦視汾爲橐籥，蓋所繫非特一方生計矣。』[十二]民國時期，東北淪陷後，開發西北刻不容緩，而『黄河中游之水利，自應加以擴充及整理，藉（借）收桑榆之效，以挽狂瀾於（于）萬一』[十三]。

因黄河流域自然條件優越，歷朝歷代都十分重視對此地的開發，通過强有力的國家干預方式推動各類產業的發展，爲中國北部疆域的形成和社會穩定奠定了基礎。

二、民族交往、物資交流、技術轉移促成黃河治理共同體

《史記》卷十五『六國年表第三』載：秦始皇三十三年（前214），『築長城河上，蒙恬將三十萬』[十四]。這數十萬人中，擁有一技之長的人員不在少數。由此，邊地人口不斷增多，而豐富的物産則促進了商品交流與統一市場的形成。西漢《鹽鐵論·力耕第二》記録了『异物内流』的情形：『是以羸（騾）驢馲駞（駝），銜尾入塞，驒騱騵馬，盡爲我畜，鼲鼦狐貉，采旃文罽，充於（于）内府，而璧玉珊瑚瑠（琉）璃，咸爲國之寶。』[十五]此後，黃河北岸的『羸（騾）驢馲駞（駝）』『驒騱騵馬』『鼲鼦狐貉』『采旃文罽』與西南織錦、中原麻織、農作物等物資相互交流，逐步形成統一的國内大市場，加强了邊疆與其他地區的經濟聯繫，促進了邊疆特色産業的發展。

隨着民族交往交流交融的增强，清代以降，黃河流域内蒙古段輸入到内地的也不僅僅是『异寶』了。《綏遠通志稿·水路》載：『自乾隆以還。口外墾殖日廣。民殷物阜。出境之油、糧、鹽、鹼（碱）、甘草各貨。入境之日用雜貨。山西與歸綏往來之商運。凡經河路者皆以托屬河口爲唯一之碼頭。』[十六]從清乾隆年間到民國時期，由内蒙古經黃河運到山西的貨物有糧、油、鹽、碱、藥材、皮毛等，其中以糧油爲最大宗。糧食品種主要有糜黍、穀子、高粱、豆類及玉米、大小麥

等，油料主要是胡麻。內蒙古供貨支綫有從阿拉善盟阿拉善左旗吉蘭泰鹽池到山西呂梁市磧口鎮的運鹽駝路，五原縣、臨河區一帶各大幹渠的運糧水道，杭錦旗、達拉特旗的甘草馱運綫，鄂托克旗的運碱駝路。內蒙古段各條支綫以供貨爲主，山西段若干支綫以運銷爲主。

《臨縣志》載：『清朝乾隆至民國年間，陝、甘、綏、蒙等地的物資，通過此航綫運達磧口，再用牲口馱運到離石、吴城，轉運至東路（汾、平、介、孝等縣）。據民國 20 年（1931）統計，每年從綏遠磴口航至磧口的貨船不下 4000 餘艘』，『是陝、甘、綏、寧與晋西北物資集散之重鎮』。[十七]可見，內蒙古在甘肅、寧夏與陝西、山西等沿黄上下游物資交易中起到了重要的聯結作用；同時也吸引了山西、陝北、河北、山東、甘肅等地的農民遷移至此，并將開渠打壩、引水澆地等農業生産技術、手工技術和商業貿易經營方式帶到這裏。他們在此扎根，除了從事農業生産外，還挖甘草、下窑背炭、在黄河上拉船、在沙漠中拉駱駝、打短工放冬羊、開碾磨油坊，等等。不同地域、不同民族的人們合力修築河渠、引水興業，逐漸形成休戚與共的共同體。其間積纍的産品交易、商業管理、社會治理等方面的經驗，在今天依然有借鑒意義。

清代『首重治河，探河源以窮水患』[十八]，但更深層次的考量是『宣揚大一統及增强國家認同』[十九]。黄河流域人口基數大、分布廣，而全流域治理理念將不同地區、不同民族的人們凝聚成命運共同體，而『大一統』理念正是這一治理實踐的核心主題。

三、黄河流域拓展了中國的發展空間

早期統治者因巡幸及邊防建設所需，統籌管理沿黄河運與秦直道等沿黄馬道，維持着中央政府對北邊的有效治理。河套平原引黄渠道的建設爲秦漢王朝屯田事業提供了基本的水利保證，并將這些區域變成防禦北部邊患的大後方與根據地。于是，沿黄馬道、沿黄河運與萬里茶道、草原絲路等陸路運輸聯通起來，促進了中華文明與其他文明的交流互鑒，拓展了新的發展空間。

新中國成立之後，沿黄各族兒女在中國共産黨的領導下團結合作、艱苦奮鬥，實現了大河安瀾。黄河流域建立起行之有效的防洪抗汛機制，支撑着沿岸的産業發展，改善了周邊生態環境。當代治黄史證明，正是由于中國共産黨的正確領導以及集中力量辦大事的制度優勢，纔從根本上減輕了河患的威脅。進入新時代，黄河流域在築牢安瀾根基的同時，以蓬勃活力拓展着中國的發展空間。沿黄九省區在協同發展中不斷釋放潛力，讓黄河流域成爲國家區域協調發展戰略中不可或缺的重要一極，爲中國的發展源源不斷地注入新動能。

綜上所述，黄河流域的治理不是單純的河道治理、生態環境治理或社會治理，而是一種關涉水、沙、産、人四者關係的系統性、協同性治理，是推動國家可持續發展的動力，也是厘清國家治理與邊疆治理兩者動態交互實際效果的絶佳視角。而黄河工程等『中國本土理論資源、學術積纍』〔二十〕，有助于研究國家治理的演進歷程。進入新時代，黃河治理與國家治理的關係研究不斷開闢新視角、持續涌現新成果，其中鑄牢中華民族共同體意識、邊疆治理與黃河流域生態保護和高質量發展成爲非常重要的研究視角。因此，基于這一角度搜集整理黃河國家治理文獻，意義重大。《黃河國家治理文獻集成》，應運而生。

本叢書系統梳理了黃河治理的歷史脉絡與經驗，既爲新時代黃河流域生態保護和高質量發展提供了歷史鏡鑒，更以文獻爲載體，傳承了治理智慧、凝聚了民族力量，是服務國家發展戰略、鑄牢中華民族共同體意識的重要學術實踐。

《黃河國家治理文獻集成》編委會

二〇二五年一月

〔一〕韓建業：《中華文明的起源和形成》，載《中華民族共同體研究》2022年第4期，第80-91+172頁。

〔二〕中共中央馬克思恩格斯列寧斯大林著作編譯局：《馬克思恩格斯選集》第二卷，人民出版社，2014年，第240頁。

〔三〕嚴文明：《黃河流域文明的發祥與發展》，載《華夏考古》1997年第1期，第49-54+113頁。

〔四〕（漢）班固：《漢書》卷二十九『溝洫志第九』，中華書局，1964年，第1692頁。

〔五〕（漢）司馬遷：《史記》卷六『秦始皇本紀第六』，中華書局，1963年，第252頁。

〔六〕冀朝鼎：《中國歷史上的基本經濟區與水利事業的發展》，朱詩鰲譯，中國社會科學出版社，1981年，第7頁。

〔七〕（漢）司馬遷：《史記》卷二十八『封禪書第六』，中華書局，1963年，第1398-1399頁。

〔八〕（漢）司馬遷：《史記》卷三十『平準書第八』，中華書局，1963年，第1441頁。

〔九〕（漢）班固：《漢書》卷二十九『溝洫志第九』，中華書局，1964年，第1686頁。

〔十〕（漢）司馬遷：《史記》卷二十四『樂書第二』，中華書局，1963年，第1178頁。

〔十一〕（漢）司馬遷：《史記》卷三十『平準書第八』，中華書局，1963年，第1420-1421頁。

〔十二〕（清）方家駒修，（清）王文員纂：《汾陽縣志》卷十三『藝文』，清光緒十年刻本，第57-58頁。

〔十三〕王華棠、劉錫彤、吴樹德：《黄河中游調查報告》，華北水利委員會編印，1934年，第1頁。

〔十四〕（漢）司馬遷：《史記》卷十五『六國年表第三』，中華書局，1963年，第758頁。

〔十五〕王利器：《鹽鐵論校注》，中華書局，1992年，第28頁。

〔十六〕綏遠通志館：《綏遠通志稿》第十册，内蒙古人民出版社，2007年，第176頁。

〔十七〕臨縣志編纂委員會：《臨縣志》，海潮出版社，1994年，第273、321頁。

〔十八〕趙爾巽等：《清史稿》卷一二六『河渠一』，中華書局，1977年，第3715頁。

〔十九〕劉惠：《乾隆朝重構黄河河源的實踐與國家認同》，載《清華大學學報》（哲學社會科學版）2018年2期，第147-154+195頁。

〔二十〕許耀桐：《當代中國『治理』概念的演進探析》，載《國家現代化建設研究》2023年3期，第100-111頁。

出版前言

黃河，中華民族的母親河，她不僅孕育了中華文明，更見證了中華民族數千年的發展歷程。習近平總書記深刻指出：『從某種意義上講，中華民族治理黃河的歷史也是一部治國史。』這一重要論述，爲新時代黃河文化的保護傳承以及流域治理提供了根本遵循，也深刻揭示了黃河治理在國家發展和民族復興進程中的核心地位。在學習貫徹習近平新時代中國特色社會主義思想，積極響應國家黃河流域生態保護和高質量發展重大戰略，大力推進北疆文化建設的背景下，《黃河國家治理文獻集成》的編纂出版，具有重要的歷史意義、學術價值與現實指導意義。

黃河治理，自古以來就是國家的頭等大事。從遠古時期大禹治水，到當代運用科學技術進行系統治理，中華民族在數千年的時間裏，積纍了豐富的治河經驗，留下了浩如烟海的文獻遺産。《黃河國家治理文獻集成》收録了元代至民國時期古籍、朱批奏摺、期刊圖片等多模態文獻資源。這些文獻内容豐富、維度多元，既包含記載河工技術、治理方略等的專書，又有漢文朱批奏摺、工程檔案以及不同區域的調查研究報告等。民國時期的文獻則標志着現代水利科學開始融入黃河治理，展現了我國水利事業在時代變革中的創新與發展。近代照片的收録則以更加直觀的方式將黄河治理、黄河沿岸的風貌呈現給讀者。

該文獻的出版，不僅是對瀕危黄河文化遺産的及時搶救與保護，更是對我國水利史、國家治理史、邊疆治理研究學術鏈條的重要補充，具有較高的文獻價值和學術意義。尤爲重要的是，這一集成工作，深度契合鑄牢中華民族共同體意識這一全黨全國各族人民的共同任務。各民族在治理黄河的歷史進程中，緊密協作、共同探索，這些珍貴文獻便是各民族交往交流交融和中華文明認同的生動見證。對這些文獻進行整理出版，能够讓各族人民更加深刻地認識到，在歷史長河中，各民族共同爲黄河治理貢獻了力量，共同守護了家園，從而進一步增强對中華民族共同體的認同感與歸屬感，夯實鑄牢中華民族共同體意識的歷史根基。

《黄河國家治理文獻集成》以『國家治理』爲核心綫索，構建起一個全面、系統、多維的文獻體系：在時間跨度上，聚焦從元代至民國這一傳統治河向現代水利轉型的歷史時期，爲深入研究我國水利事業的發展脉絡提供了清晰的時間坐標；在内容分類上，細緻劃分爲技術專著、工程檔案、區域研究、朱批奏摺、科學報告、圖片等類别，涵蓋黄河治理的各個方面，從不同角度展現了我國在黄河治理上的探索與實踐；在版本選擇上，秉持嚴謹、科學的態度，確保文獻内容的準確性與代表性，爲學術研究奠定堅實基礎。

在編纂過程中，叢書特别注重『全流域治理』的理念，不僅收録了有關下游防洪治河的重要文獻，還涵蓋了中游地區水土保持以及上游地區灌溉開發等方面的珍貴記載。這種對黄河全流域治理的全方位關注，與當前『共同抓好大保護，協同推進大治理』的要求高度契合，充分體現了叢書在傳承歷史文化遺産的同時，緊密服務于當代國家發展戰略的時代價值。

在出版過程中，嚴格保持原書的版式與行款，最大程度地還原文獻原貌。對于部分出現黴變、殘缺的頁面，運用先進的數字化修復技術進行精心處理，在保留原始批注與印章痕迹的基礎上，兼顧了文物的真實性與文獻的可讀性。

此外，爲了更好地服務讀者，方便學術研究，本叢書新增了目録、提要等内容，這些新增部分由編委會精心撰寫。新增目録一般編製二級，個别圖書編製三級；原書有目録而内文無對應標題的，根據原書目録照録；原書目録爲關鍵詞或者其他情况的不編製目録；原書目録與内文不一致的，以原書内文爲準；原書無目録的，按卷端、版心或其他部分輯録；一册書中收録多種圖書的，以書名爲一級標題，編製二或三級。在文字使用上，統一使用現代漢語規範繁體字，對于原版文獻中的异體字、避諱字也使用現代規範繁體字，無對應規範繁體字的保留原字。

《黄河國家治理文獻集成》的出版，是對黄河文化遺産的一次系統性、搶救性保護，具有重大而深遠的現實意義：從學術價值層面來看，叢書成功構建起一座連接傳統與現代治黄文獻的橋梁，爲黄河流域生態保護、水利工程史、國家治理史、邊疆治理、中華民族共同體學等多個領域的學術研究提供了豐富、翔實的基礎文獻，有力推動了相關學科的發展與創新；從文化價值角度而言，生動展現了北疆文化與黄河文化在歷史長河中的交融共生，爲内蒙古『北疆文化』品牌建設提供了堅實的文獻支撑，進一步豐富了中華文化的内涵與外延；從實踐價值方面考量，書中所藴含的治河理念爲我們在新時代背景下實現人與自然和諧共生、推動黄河流域可持續發展提供了寶貴的歷史經驗與智慧啓示。

在此，我們要衷心感謝各藏書機構的大力支持，正是他們提供了珍貴底本資源，纔使得本叢書的編纂出版成爲可能。同時，我們也要向文化遺産智能應用服務中華民族共同體建設『英才與蒙』團隊致以崇高的敬意，他們歷經五年的辛勤耕耘，以嚴謹的治學態度和專業的學術素養，對文獻進行了系統的整理和輯録，爲叢書的内容質量提供了堅實保障。此外，我們還要特别感謝内蒙古自治區黨委宣傳部、内蒙古出版集團將本叢書納入『北疆文庫』重點項目，并在出版過程中給予全方位支持與幫助。

我們衷心期待，這套凝聚着無數心血與智慧的《黄河國家治理文獻集成》，能够在新時代的『黄河大合唱』中奏響歷史的强音，爲黄河流域生態保護和高質量發展注入强大的歷史動力，讓黄河文化在保護中傳承，在傳承中創新，在創新中不斷發展，綻放出更加絢爛的光彩。同時，希望這套叢書能够成爲促進各民族文化交流、鑄牢中華民族共同體意識的重要載體，助力各民族更加緊密地團結在一起，共同爲實現中華民族偉大復興的中國夢而努力奮鬥，讓中華民族共同體意識在黄河文化的滋養下，扎根于每一位中華兒女的心中，成爲推動中華民族不斷前進的强大精神力量。

提要

黄河堵口工程

《黄河堵口工程》，行政院新聞局編，一九四七年鉛印發行。

《黄河堵口工程》是我國最早系統論述花園口堵口問題之專著。該書以二十九幅照片記録黄河花園口堵口工程實施過程，并輔以簡要文字説明花園口决堤始末、堵口施工經過、工程費用、泛區水道狀况及復興計劃等。全書分爲七章：第一章概述黄河花園口决堤釀成之灾害，第二章闡述黄河堵口計劃之擬定過程，第三章記述堵口工程之發展歷程，第四章詳列堵口工程費用概算與工料統計，第五章説明堵口完成後黄泛區水道現狀，第六章介紹復興黄泛區水利第一、二期工程之初步設計計劃，第七章爲結語。該書以第一手影像與工程實録，保存了花園口堵口工程的關鍵技術細節與灾後治理歷程，爲民國水利史提供不可替代的實證文獻，亦成爲研究戰後黄泛區重建的基準史料。

黃河治本論初稿

《黃河治本論初稿》，成甫隆（1907—1989）著，一九四七年由北平平明日報社印刷出版。成甫隆，山西省臨縣人，農機工程師。

全書共分四章十六節，附圖九幅，計八萬餘字。第一章闡明黃河治本策略所涉基本概念，論述西北黃土高原之形成與侵蝕，以及黃河之形成與上下游河道特徵；第二章分析黃河流域現狀，并申明黃河不治對國家安全與民生之嚴重影響；第三章評述近代各種治河方略，雖贊同『溝洫治河』之主張，然提議改良其具體實施方法；第四章提出作者之治河主張——山溝築壩淤田，并稱此爲黃河治本唯一良策。

《黃河治本論初稿》開創性地系統論證『山溝築壩淤田』爲黃河治本之策，突破傳統以疏浚堤防爲主的治河框架，提出以水土保持爲核心、整合農林工程技術的源頭治理方案。

目録

黄河堵口工程

黄河治本論初稿

目次

黃河堵口工程

行政院新聞局印行

中華民國

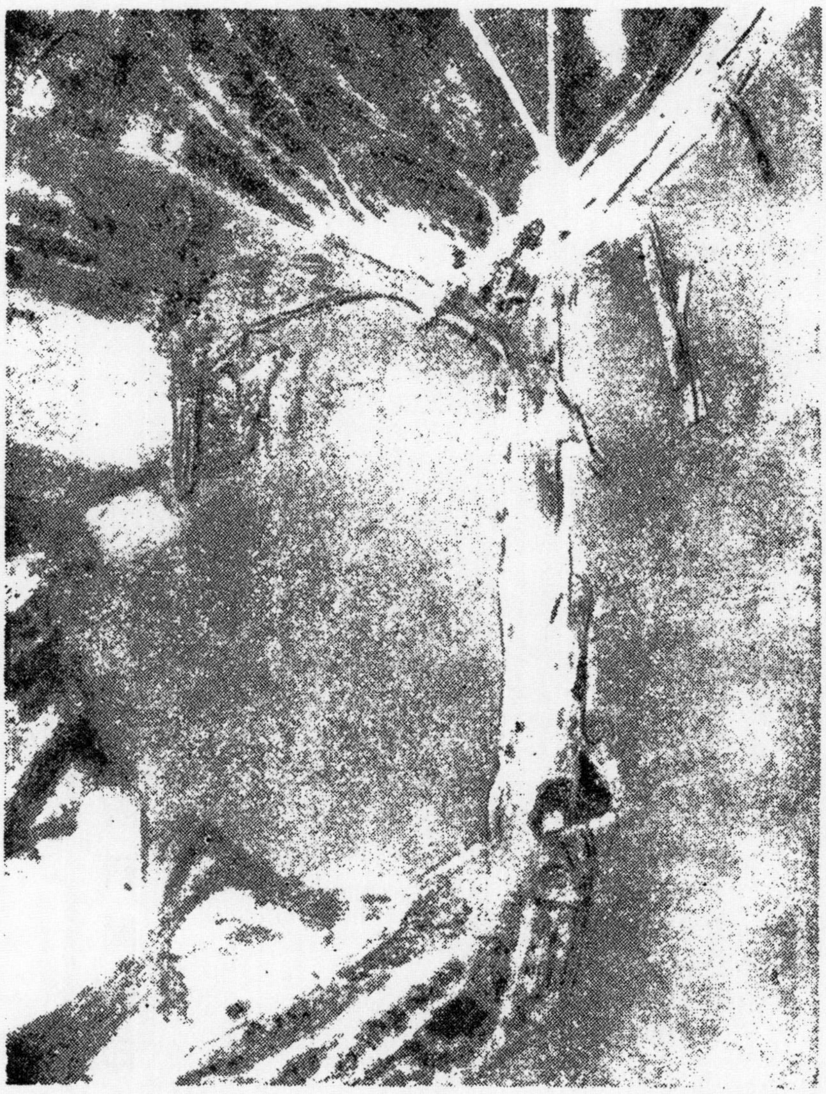

花園口堵合後口門航測照片

黃河堵口工程目錄

四、堵口工程工費與工料之統計

1. 工費概算

2. 工料統計

五、堵口完成後黃泛區水道現狀

六、復興黃泛區水利初步計劃

第一期工程計包括：1. 疏濬工程，2. 堵截串流，3. 裁灣取順，4. 隄防及護岸，6. 排除積水。

第二期工程計包括：1. 整理賈魯河工程，2. 修築灌溉，3. 引黃入賈工程，4. 水力發電，5. 放淤，6. 引賈入惠工程，7. 溝通黃淮聯運。

七、結論

附黃河堵口照片二十八張

自古黄河多水災

黃河自周定王時改道後，前後決口達一千九百餘次，華北平野，中州沃地，均受其害，民國二十七年花園口堤潰，黃水泛濫三省，影響民生至鉅，但因抗戰軍事關係，未能及時堵口，勝利後經政府努力趕工堵修，卒以一年半之辛勞，三萬人的力量，使口門合龍。

廬舍漂沒逐波去

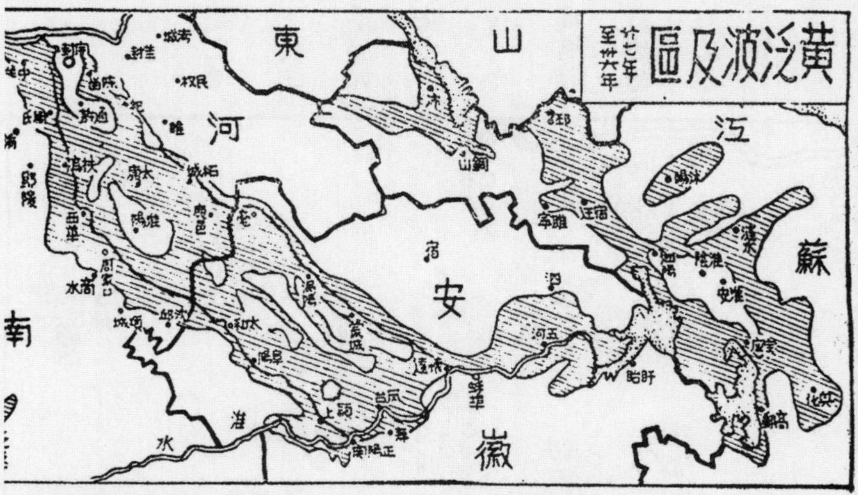

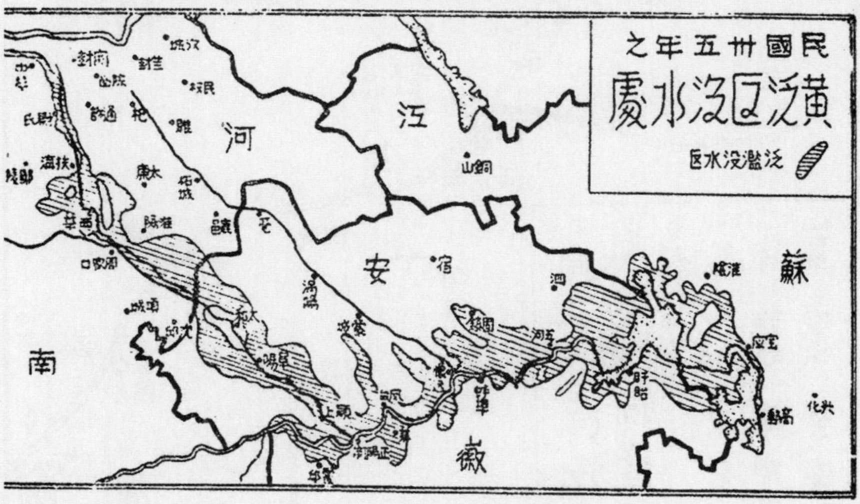

泛區物產

豫東皖北是淮穎諸水灌溉之地，一望平垠，農產饒富，花生小麥之屬，比比皆是，果品如棗，核桃、櫻桃等亦負盛名，但經八載黃禍，沃野蕪矣，今後開發，欲恢復舊觀，尚有待於政府與人民之協力，此處錄過去物產概圖，可爲今日之參證。

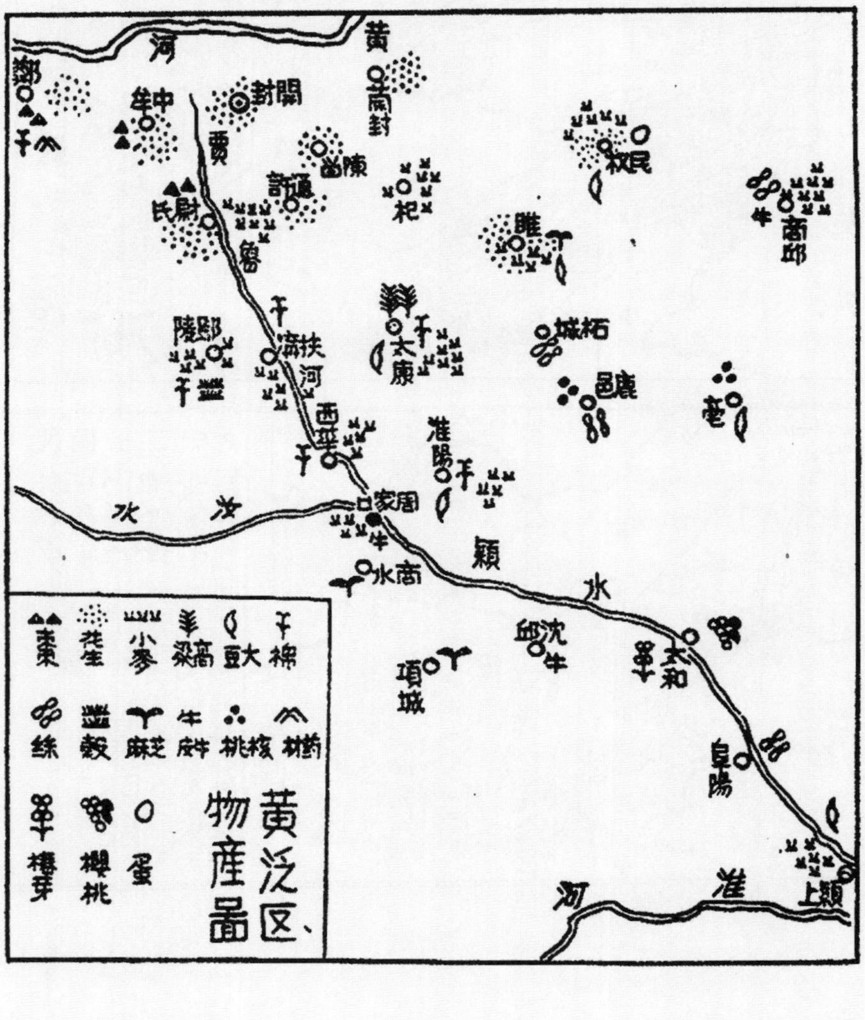

黃泛區物產圖

黃泛涸地

黃河泥沙壅積，泛區雖已泰半涸出，但八年侵蝕，此大好中州沃野，已令人不無滄海桑田之感，泛區沙丘高出屋宇，沙土瘠薄，不可耕稼，因此黃河堵口雖已合龍，但重建泛區的問題，尤甚堪重視，興辦水利，獎勵農墾，刻不容稍緩，現政府已擬就大計，積極進行中。

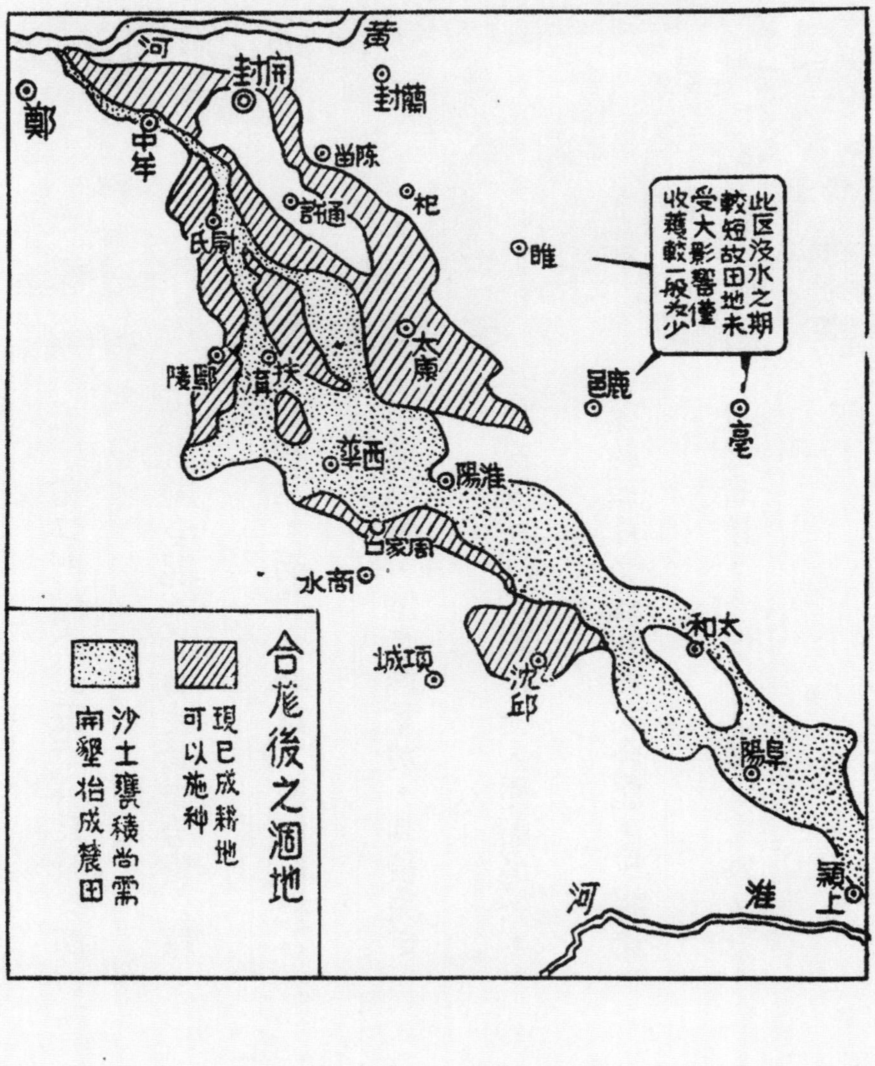

於金門口捆製柳輥情形

當口門縮小至五十公尺時，即拋柳輥合龍，此為我過去治黃合龍之舊法，而此次堵口，最初以拋石平堵試驗，但未能竟功，其後決定仍採舊法以柳輥護堤，逐漸進展，遂於三月十五日正式合龍，柳輥堵口之奇蹟，今中外工程專家為之驚訝！

柳輥是此次堵口的最有效材料，拋石平堵失敗後，當局即沿用柳輥舊法繼續工作，柳輥由大量柳條捆紮而成，此圖正示工人均在致力於此項工作。

捆紮柳輥

柳石壩工進行情形之一

黃河堵口之方法，爲由金門兩側，築壩相向進占，使口門逐漸縮小，故此次堵口，東西壩同時並進，但因水勢頗急，壩堤每受冲刷而崩毀，故需用柳石隨時護堤，以策安全，是亦爲黃河堵口一大重要工程。

阻塞口門，必須用大量巨石，但因水力過大，石塊每易逐波而下，不易沉降河底，故必須用大鐵絲籠，內裝巨石，從木便橋拋下，可以使河床漸高，漸可高出水面，完成堵口工程。

編製大鐵絲籠及裝石之情形

正壩之搶修

花園口堤潰決口寬達一千四百六十公尺，堵口工程爲自兩端築壩，使口門逐漸縮小，圖示正壩繼續向口門伸展，工作人員正努力以柳石與洪水搏鬥。

柳石壩工在軍民協力下進行，圖示稭柳業已編捆，正聚積壩上，準備拋護。

柳石壩工情形之三

建築口門木便橋所用之樁架兩具

爲拋石平塡金門，特修築木便橋，溝通兩堤交通運輸，圖示建築木便橋時，肖矗立之樁架可用以奠立木便橋之排樁，使之深陷入河床，然後再舖設木板完成橋面。

木便橋排樁完成，員工開始裝鋪橋面，并敷設鋼軌，使拖石小火車，可以駛行其上，隨時拋護。圖示木便橋上鋪設鋼軌之工作情形。

木便橋上按裝木板用圖鋪設鋼軌之用及便交通

中途橋便木至場石離駛車火小之用所石拋

黄泛堵口所需之石料數不在少，而在花園口附近，究無法獲得大量供應，因此特舖設小火車軌道，至石料積儲之場所啓運赴木便橋，以進行拋填。

口門木橋完成，東西兩壩運輸稱便，橋上敷設輕便軌道，裝運石料及鐵籠，進行拋填，遠處矗立者為木便橋頭之兩具樁架，木便橋下水溜尚湲，以示初步施工時之情形。

口門木便橋完成東西兩壩接觸後之運輸情形

於木便橋上拋擲大鐵絲籠情形

木便橋至金門後方，長四〇〇公尺，築於東西壩頭間，分下大樁一二〇排，排距三五公尺每排四樁，樁距各三公尺，一律高出水面四公尺，用以溝通東西壩頭之交通，并在橋上逐層拋填柳石，使河牀遞升，最後用柳輥大鐵絲籠阻塞洪流完成合龍。

口門木便橋下，因拋石關係，過水漸見洶湧，而水位高低，益助其勢，兩端堤頭，受水溜衝激，頗有損壞，由上圖可以見及橋下怒濤奔流之情形，工程進行之爲難，實不能想像。

口門木橋之過水情形

壩東填土工程所用之運土汽車工作情形

修築壩工需要大量泥土，故堵口工程進行時，每日均有大量運土車，來往運送，以填實壩工，圖示此特種運土汽車正以大量泥土自車中傾倒而出。

柳石壩工為護堤重要工作，多用稭柳及石坡，重疊相置構成，稭柳可以澱泥沙以護堤身，石坡可以防激流冲刷，免致崩圮，下圖示我民工正在疊置稭柳護堤中。

柳石壩工進行情形之二

拋石後橋下正壩滾水之情形

木便橋下拋石平填，已見成效，巨大之鐵絲籠，內感石塊，投入洪流，黃水受巨石阻撓，勢更兇險圖中即爲橋下正壩滾水之情形。

木便橋下鋪設鋼軌，行駛小火車，專事載運石坡，在橋上拋石平塡，此種機械之力量，使工程之進展，大見加速，故黃河之合龍，是爲西方機械與我國人力偉大合作之成就。

木便橋上行駛之拋石小火車及斗車

推土機於東壩頭工作情形

運土車載運大量泥土至壩頭，即開始由堆土機進行平填，使壩工堅實，不患崩圮。

東西兩壩為攔阻潰水之兩大主幹，其本身之危險性，隨口門之縮短而增加，故壩工之培修，日夜不輟，圖示堤壩旁工人正安置柳輥及石坡中，堤工負責人員在旁巡視隨時予以指點。

壩工之一般

木便橋中斷後臨時特架設之索橋以利東西壩之交通

拋石工程遭受共黨阻撓，一度陷於停頓，不意黃水陡漲，水勢湍急，木便橋中間各排被冲毀，便橋遂告中斷，而工程大受影響，為繼續努力防堵，又特架索橋以利東西壩頭交通。

黃泛堵口一度遭遇挫折，木便橋均被黃水沖斷，工程當局迅速修建索橋聯絡兩堤交通，水利委員會薛委員長篤弼特至花園口視察，勗勉同人努力搶堵。

薛委員長在索橋上視察工程

空中運輸之一般

花園口堵口工程有不少引有機械之處，但亦不少仍沿用我國舊法，圖中卽爲一空中吊車正在輸送石塊中，其下卽爲索橋。

因鑒於黃河堵口工程之艱巨，水利委員會薛委員長篤弼特親自至花園口視察工程進展，并切實督工。圖中薛委員長正在堤壩木便橋一端查勘水流及工程情形。

薛委員長視察堵口工程

拋護金門下游壩身

東西　壩漸近，水溜轉急，怒濤洶湧，壩身均受激盪有崩圮之虞，為搶救壩身以免全功盡棄起見，軍民一致協同，再用大量柳石拋護堤工，使金門不再擴大，工程可以緩緩進展。

口門日見縮小，東西壩間已即可合龍，但口門愈小水力愈大，而工程亦更艱巨，拋石多被衝去。圖示合龍之前，過水湍急之情形，我堵口工人正以柳輥拋下，以阻過潰水之繼續流入泛區，工作頗為緊張。

口門合龍處搶堵及過水情形之一

口門合龍處搶堵及過水情形之二

金門合龍已至最後階段，口門決水，從奔騰而下，勢不可遏。我忠勤堤工，正以最大努力將此行將合龍之決口堵塞，柳輥及大鐵籠正在抛護中。

兩堤相距匪遙，巨大之柳

䌓正自雙方放下，以阻遏洪水

之奔流，三萬民工之力量，正

在此最後一瞬，與洪水決勝，

終於人定勝天，合龍於三月十

五日大功告成。

即將合龍時金門流水下注情形

合龍後金門下游水流之情形

金門合龍後，黃水奔流入故道，水勢異常湍急，八年泛濫之黃河，至此復東北流向山東入海，堤上軍民，對一年半之辛勤搶修，直至合龍後始能喘一口氣，但金門尚未閉氣，尚有待最後的努力。

金門完全合龍，此一大艱巨工程，俾能在桃汛前完成，黄河重返故道，泛區得以新生，走上復興之路。圖示合龍後金門遺跡已不可復見，我參加堵口工人均歡欣逾常。

金門合龍後情形

黃河堵口工程

一、黃河花園口決口釀成之災害

1. 決口經過

民國二十七年中日徐州會戰後，正值我軍西移之際，黃河南岸大堤因受敵寇大礮轟擊，突於六月二日決於河南中牟之趙口，同月六日復決於鄭縣之花園口。兩處相距僅爲二十六公里，於軍事急迫之時，搶修乏術，致使潰水向東南流，漫經尉氏，扶溝，分爲東西兩股，沿太康、鹿邑、入渦河、淝河、西股沿扶溝，西華入賈魯河、沙河、潁水、東西兩流匯注於淮，橫溢洪澤、高寶諸湖，而達長江。

趙口地處花園口之下游，二十七年汛期過後，即告淤塞，花園口口門經潰水冲刷，至當年八月已擴大至四百餘公尺，繼經敵人於東壩頭下首開挖口門，並經河流洪漲冲刷，終致完全奪流，正河乾涸，以迄堵口工程完成之前夕。

2. 潰水損害

黃泛災害，毀滅一切，其破壞力之大，殊出意想之外，惟火山爆發，與原子彈之威力，差堪比擬，一經冲淹，財物人畜，掃蕩淨盡。在廣大泛區中之人民，時值大敵當前，虜騎迫近，已屬驚恐失措，朝不保夕，詎禍不單行，復遭潰水突襲，其中幸能不死於水而遠逃異鄉者，亦多屬父子不相見兄弟妻子離散，及後又承受戰事影響，在饑餓與疾病雙重壓迫之下，多數仍不免趨於死亡之一途，而倖餘之孑遺，亦以家室犧牲，土地淹沒，財產付諸流水，伶仃孤苦，無家可歸者，亘八九年之久，不淪爲乞丐，即從事於苦力工作，故非實行堵口，使黃河潰水，復歸故道，則此輩流亡同胞，永無抬頭之一日。

黃河泛濫區域，以潰水含沙量過大，水流緩急無律，遷徙靡定，自決口以來，豫省之中牟、通許、尉氏、太康、鹿邑、淮陽、西華、商水、沈邱等十縣，皖省之亳縣、太和、渦陽、阜陽、潁上、鳳台、蒙城、懷遠、壽縣、鳳陽縣等十縣，或沉淪經年，或忽漲忽退，偶可耕作，亦無補於實際，計災區之廣，竟達二萬三千平方公里。又如黃淮同時並漲，則運河不能容納，且危及蘇省裏下河一帶。二十七年開放歸海壩，泛區及於高郵、泰縣、東台、鹽城、興化等五縣。災區面積達六千平方公里。

豫東、皖北、蘇北一帶，爲農業主要區域，人煙原屬稠密，茲將泛區人口與耕地面積，以及主要農產之收入，表列如後：

黃泛區人口，面積及農產統計表

區別	人口	泛區面積（平方公里）	耕地面積（平方公里）	稻穀（噸）	麥作物（噸）	棉衣（噸）
豫皖區	四、一三五、〇〇〇人	二三、〇〇〇	八、七〇〇	二六〇、〇〇〇	六五〇、〇〇〇	一三、五〇〇
蘇北區	二、〇〇〇、〇〇〇人	六、〇〇〇	三、一〇〇	三四五、〇〇〇	二二五、〇〇〇	一〇、〇〇〇
合計	六、一三五、〇〇〇人	二九、〇〇〇	一一、八〇〇	五九五、〇〇〇	八七五、〇〇〇	二三、五〇〇

查泛區面積共爲二萬九千平方公里，受潰水影響耕地之損失，亦達一萬一千八百平方公里，每年計損失稻麥等食糧一百四十七萬噸，棉花二萬二千五百噸，受災害之人口爲六百一十三萬五千人。歷來災區之廣，罹災人數之多，災禍經時之久，災區人民痛苦之深，國家財富損失之鉅，當以潰水之災害爲最嚴重。

二、黃河堵口計劃之擬定

二十七年六月六日，黃河花園口潰決，計至三十四年八月抗戰勝利之日，爲時已逾八載。歷時既久，益以敵寇於東壩頭開挖決口，助水爲虐之故，致使全河奪流，口門冲寬至一千四百六十公尺，刷深至十一公尺，而舊河道則淤高至中水位時，細流亦不能通過之程度。査往昔黃河決口，常可於次年卽行堵復，甚少有使其延至三年以後者，故此次堵口工程，實甚艱鉅，兹將堵口計劃之擬定，及其實施時因地制宜之改善各端，分述如下：

花園口堵口初步計劃，係沿用黃河堵口舊法，由兩壩相向以埽工進占，正邊壩同時並進，並預於故道內挖掘引河，俟口門縮小至五十公尺時，卽改拋柳輥合龍，一面由邊壩進占，跟壩土櫃閉氣。旋經黃河水利委員會派潘技正鎰芬赴渝會同中央水利實驗處作堵口試驗，以架橋拋石平堵方法，較舊法爲優，當經決定採用是項辦法，計劃綱要按照當時口門狀況擬定。

1.口門狀況：

（一）連接東西壩頭之直線，（卽口門橫斷面線）方向，爲北偏東八十八度，大溜順西壩外坡脚向東流，轉東南向斜入口門，靠近東壩頭處流向大致爲南偏東五十度。

（二）由東西兩壩實測口門橫斷面淨寬一四六〇公尺。

（三）西壩前灘面沿橫斷面量寬四三〇公尺。（沿新堤線量寬七八〇公尺）水面寬一〇三〇公尺。（沿擬修便橋中心線量五五〇公尺）。

（四）最大水深九公尺。

（五）水位八九、〇六公尺。

（六）流速每秒一、二一公尺。

（七）流量七四六秒立方公尺。

2. 計劃綱要：自西壩頭起，沿岸灘接築新堤，方向爲南偏東八十七度，長八〇〇公尺，轉向南偏東三〇度，改用綑廂進占，長三五五公尺，裹頭二〇公尺，是爲新西壩頭。自東壩頭起向新西壩進占六〇公尺爲新東壩頭。兩新壩頭間建木便橋長四〇〇公尺，由橋上及兩側分層抛塡柳石，逐漸矯正，使溜勢漸趨故道，次在口門下游與橋平行廂備稭柳邊埽塡土斷流，完成合龍，工作各部份做法分述於下：

（一）東壩裹頭：東壩殘堤因正迎大溜，時見坍陷，擬先修築裹頭然後進占，平均寬三〇公尺，高約一二公尺，共長六〇公尺，是爲新東壩頭。壩頭配備護埽三段，各長二〇公尺，寬二公尺，高深一〇公尺。裹頭及護壩皆加廂柳石坡，共計占工一七、八五〇公方，埽二八、〇〇〇公方，柳石坡九、一六〇公方。

（二）東壩新壩：東壩頭以下舊堤已被冲斷，應重行修復一、一五〇公尺，頂寬二〇公尺，高自零公尺至四公尺與舊堤銜接，側坡均一比三共佔土七六、六六〇公方。

（三）西壩新堤：自西堤頭起，沿灘東向接築新堤長八〇〇公尺。

A堤工：高平均八公尺，頂寬二〇公尺，背河一比三，臨河廂修護埽寬四公尺，埽頂高度較堤頂低三・五公尺，埽底較灘面低〇・五公尺。護埽以外加修一比一、五柳石坦坡，脚外鑲舖石排，共需土二五〇、六七七公方，護埽一六九、九四一公方，柳石坡一四、五五〇公方，柳石排一二、七四四公方。

B壩工：新堤逼臨大溜，爲加强禦水效能起見，加修護堤壩工五道，間距一五〇公尺，壩長六〇公尺，共需土二三，五一六公方。護埽一七、四四九公方，柳石坡九八四公方，柳石排七〇、五六〇公方。

（四）淺水占工：西壩新堤以下接修埽占，長三五五公尺，並盤廂裹頭，長二〇公尺，是爲西橋頭壩，共長三七五公尺。裹頭寬二〇公尺，占寬一〇公尺，占頂低於堤頂三・五公尺，預計墊入土內一公尺。背溜幫修戧堤，平均高深九公尺，預計墊入土內一公尺，頂寬二〇公尺，側坡一比三，迎溜一面加修壩工一道，長六〇公尺，高一三公尺，預計墊入土內一公尺，壩頂寬一〇公尺，以上共需稭占三四、二九一公方，土一三八、二九八公方，柳石坡二二、五六三公方。

（五）深水壩：

A木橋：由新修之東西兩壩頭間，接修木橋長四〇〇公尺，分下大樁一二〇排，排距三五公尺，每排四樁，樁距各三公尺，一律高出水面四公尺，因水深不同，樁長亦異，橋頭爲一二公尺，正溜均爲二〇公尺，入土七公尺至十二公尺不等，各排均用斜撑與25公厘鐵螺絲聯結堅實，上架橫樑，長一〇公尺，再架縱樑四對，長七公尺，橫鋪橋板，敷設輕便鐵軌兩道，以便料物運輸。

B拋埽工：橋下逐層拋填柳石，至埽下上水位相差較大，溜勢較急時，改拋柳石輥，以增加抵抗力量。拋填工臨河坡一比一·五，背河坡一比三共估塊石五五，七五九公方，內柳二、〇〇〇、〇〇〇市斤。十五公尺長，0,7公尺直徑之柳輥二八四七個，其所佔體積爲總拋填方五分之一。

（六）邊埽：

A稽占：爲完成合龍計，於大埽下游三〇公尺處，修築稽埽長四〇〇公尺，平均寬一〇公尺，高深一〇公尺，共佔占工四九、四五四公方。

B後戧：爲增加占工抵抗力，於邊埽下水一面澆填土戧，側坡一比三，共佔土四二一、七一二公方。

C土櫃：於邊埽前澆填土櫃，共佔土五六、〇七九公方。

D土櫃與後戧之上加培埽頂，使與西埽新堤頂齊，共佔土一〇二、七六三公方。

（七）輔助工程：爲改善口門之水位比降，使口門河底逐漸淤高，以便繼續進行打樁，拋石堵合。決定於口門下游三五〇公尺處，加做攔溜大壩一道，此壩之方向，與口門堵合線平行。於東岸修透水柳壩一百公尺，由口門西橋頭斜向東南修築新堤一段，長約四百五十公尺，其構造與淺水占工同，自堤頭向東接修透水柳壩一百五十公尺，再接修橋與東橋頭連接，橋長爲四百公尺，橋寬爲一二公尺，橋面高九二公尺，（大沽水平）每孔跨度五公尺，每排打樁四根，共八十一排，打樁時先沉寬二〇公尺之柳排護底，橋成後均勻拋填柳輥與塊石。

（八）變更計劃：花園口堵口工程，經依據原擬定施工計劃及程序積極趕進，中間屢生波折，曾經竭力搶修，詎料攔水石壩中部，於三十六年一月十五日又被大溜將第六十五排至七十排橋樁冲斷，缺口處寬達三二公尺，全河水量集中流入缺口，壩頂露出水面，致平堵方法失效，考其原因約有下列數點：

1.豫境河床土質，多爲層沙層淤，當石壩上下游水位差在二公尺以上時，水流淘刷極爲劇烈，淤層刷破以後其下沙層迅被淘空，形成洞穴，改石壩急劇下蟄或中斷。

2.石壩壩身超過七公尺後，流沙不勝壩身重量，迅速下陷，并牽動木樁安全。

3.故道河頭經八年淤澱，形成高仰，灘唇新開引河斷面太小，流速又不足自行刷大，致引河流量過小不能牽動大溜。

4. 一部份木樁強度不足，打在口門已八閱月之久，復經燥濕變遷，流水衝擊易於斷折。

擬定改進施工原則如下：

1. 減低抬水高度。
2. 保護上游坡脚，以防淘刷。
3. 盡力保護舊橋，但工程進行須不受橋樁折斷之影響。

根據以上原則，需添築各項工程如後：

1. 加挖引河四道，使水易入故道，并減低水位之抬高。
2. 於舊橋上游架橋修築圈壩，以分抬水位，及減輕舊橋下壩身之壓力。
3. 舊橋上游，以柳石幫寬，并拋橋石輥護坡，下游加做柳石戗坡，以固壩身。
4. 舊橋邊壩之間，澆填土櫃，每隔二〇至四〇公尺，并加做橋格壩一道，以減少櫃土之流失。
5. 利用舊橋幫寬加强後爲正壩，留中間冲毁之缺口爲金門。

三、黃河堵口之經過

1. 中共屢次阻撓幾致工程失敗

黃河堵口復堤工程，純爲救濟民生。第一步爲堵口復堤，第二步爲整理泛區，黃水一日不能挽回故道，泛區卽一日無法整理，亦卽流離失所無家可歸之六百餘萬災民，一日不能回歸故土，恢復生計。中央關念民瘼，積極堵口，乃中共輕視民命，悪意阻撓，必欲陷工程於失敗之境地而後快。自三十五年一月黃河下游勘測工作被阻起，以迄於現在，無日不在籌謀以破壞政府之工作，今僅就中共阻撓堵口工程，略舉數端，已足說明其居心之險悪，與禍國殃民之罪行。

（子）毀壞堵口機器——堵口工程之進行，需要機器助力之處頗多。三十五年九月，計裝有堵口機器等件十三列車，運至豫東時，全部被中共予以有計劃之炸毀。及後再行購運，延誤時日已多，對工程之進行，影響殊大。

（丑）破壞石廠——堵口工程所需石料，多仰給於潞王墳石廠，黑石關石廠，雖亦可採取石料，終以隴海路運輸困難，未能大量供應。中共駐開封代表深知其情，針對潞王墳石廠爲其破壞對象。三十五年八月中共在新鄉王村舖何屯一帶擾亂，潞王墳石廠工作大受影響。及同年十二月九日夜，該石廠復被中共搗毀開山機三架，堆土機一架，大卡車十輛，大吉普車一輛，並焚毀汽油八十八大桶，擄去廠伕六名，衛士七名，包商工人二百餘名失蹤。此時工地需要石料正殷，經此挫折，對於工程之進行，影響殊大。其後仍不斷予以破壞，使其不能供給工地之需要。

（寅）其他阻撓情事——花園口缺口打排樁後，應即抛石掩護，以免發生意外。三十五年六月二十三日，開始抛石，中共代表函謂：「如因抛石而發生惡果，應由堵復局負責」。抛石遭阻撓後，已成排樁，無法保護，致被冲毁。其後工程每一次順利推進，必有一次阻撓情事發生，已成排樁因抛石不敷而致冲毁者不下三四次之多。十二月二十七日抛石已至相當高度，引河亦已開始放水，正値工程順利進行之際，中共忽嚴詞阻撓聲稱：「如不將引河堵塞及缺口抛石減低，則將於下游攔河築壩，阻水下行，使南北兩岸隨時發生新缺口」。並云口門須延至五月下旬始能堵塞，同時用恫嚇手段威脅主持工程人員之安全，幾經聯總人員居間調解，決定於一月二十五日之前，抛石工作，以能維持現時高度爲限，即被水冲去一方，始允補抛一方之謂。此種措施，給予工地人員之困難特多，尤以員工精神上所感受之痛苦爲深，迨下游中共區復堤工款大量增加撥去之後，乃復重作無理要求，最後協議爲缺口之全部堵塞，應在六個月以後。夫堵口工程之推進，係與兇猛洪流相搏鬥，不進則退，不勝則敗，尤應把握時機，以爭取分秒之功，安可故事延遲，以懈怠工作人員前進之心理，况每年三月桃汛即將來臨，萬一桃汛提前數日，則工程仍不免於失敗，且所謂六個月以後，即正値大汛，本年內即無合龍之望，此情此境，實給予主持工程人員無窮之困擾。當三月十五日堵口完成之時，黃河流量尙爲七百餘秒立方公尺，及至十八日流量已增至一千一百餘秒立方公尺，痛定思痛，當能體念到，苟三月十五日堵口尙不能完成，而稍向後延緩數日，則此次堵口工程，即有全部失敗之危險。於此亦可見中共之蓄心禍國，我水利工程師把握時間，控制自然之偉大成就。

2.工程艱鉅幾令人認河歸故道為不可能之事

花園口潰決，歷時業經八載，口門深刷，故道高淤，如何控馭巨流，使其安行舊槽，確有特殊之困難，施工時期，因受中共之阻撓，及水勢工情變化之影響，工程推進，屢遭挫折。在工人員，無間風雪，夜以繼日，英勇無比，以與洪流相抗爭，然常有大量物資投入缺口，而口門急流，兇猛益甚，時生意外，已成排樁，慘遭冲折，新築堤埽，每見塌陷，種種險象，接踵而至，當工情最嚴重之時，不惟一般民衆望而生畏，即國內不少工程專家，熟視急流之猙獰面目，亦常發生不易與之抗爭之感。茲將分期施工艱苦經過，簡述如次，俾世人藉以深切瞭解堵口成功之不易，而從速鞏固下游堤防，以爲曲突徙薪之計。

（子）第一期（三十五年三月至六月）：此期事業草創，舉凡工程計劃之確定，員司工人之組集，糧食器材之採運，規章制度之釐訂，均備具規模。工程進行，亦稱順利，五月初即已按照最初計劃將兩端工程修築完成。當以深水部份，平堵石料，運供不及，擬俟秋汛過後再行進展。

嗣因聯總主張急進，冀於汛前堵合，以博汜區一年之收成。幾經商討，乃由聯總顧問塔德先生督率外藉工程人員，趕打橋樁，六月二十一日橋成，因中共反對拋石。樁工未及固護，又值伏汛驟至，致東段冲毀一百八十公尺。

（丑）第二期（三十五年七月至九月）：此期正當伏秋大汛，工程未能進展，僅拋石二萬餘方公方，保護未冲樁工。並控制流量，分流舊道，減免汜區水害。所有新成堤埽，屢經洪水淘刷，搶護加廂，夜以繼日。兩埽各工，皆盤築穩固，此後堵口工程進展，得免後顧之憂，而異日修防基礎，亦於以奠定。

（寅）第三期（三十五年十月至三十六年一月十五日）：汛後依照輔助工程計劃，積極推進，惟以流向變化不定，補樁工作，屢受挫折。加以材料不敷，新線工程，大受限制，乃在東頭橋線上游向西推拋柳輥，築成與橋平行之護樁埽，逼溜西移橋樁隨之向西推進，雖工作極爲危險，已成樁排，甚或被急溜冲拆，終於十二月十一日全橋打通，並延長護樁埽至九十公尺。將口門東部段深河槽，全部堵塞，乃進行拋石平堵。於二十七日開放引河，一部份水流入故道，一月十一日橋下拋石，形成潛埽，上游水位抬高二公尺餘，大溜已有改趨故道引河之勢。不意凌汛水漲，流勢過急，至十五日夜半，中部一段陡蟄。大溜集中，冲成缺口，橋樁陸續折斷七排，缺口逐漸擴大至三十二公尺，冲深爲十二公尺。上游水位降低，兩端石埽，露出水面，缺口水流湍急，再補橋樁，旣不可能。欲改建懸橋，以通運石列車，則兩端無堅固基礎，亦難免於失敗，平堵方法，遂不能繼續進行。

（卯）第四期（三十六年一月十五日至三月十五日）：堵口工作改用合龍辦法。利用石壩爲堵口正壩，按照變更計劃，積極進行。三月七日，兩壩金門占均盤築堅固。兩占間水面寬二十五公尺。中架懸橋兩道。金門上處復建浮橋一道，以利兩壩料運。金門內採用推下柳輥法合龍。兩壩各分三組，確對拋輥，使金門內水流形成三角瀑布，以分水壓。同時引河四道亦於三月六日分別完成。八日下午上游水位抬至預定高度。四道引河，同時開放。水流暢順，分全河流量三分之二。十二日晨金門下口水道縮窄，僅餘四公尺，西金門占上角稍有蟄動。所繫一組柳輥，繩纜齊斷，下游兩組柳輥，所受壓力驟增，繩纜亦斷。此三組已拋出水面之柳輥，同時下蟄入水。金門形勢，頓形惡化。經全體員工竭十三十四兩日夜之全力，再接再厲，奮力邁進，終於十五日晨四時合龍。

（辰）第五期（三十六年三月十五日至全部完工）：正壩合龍後，下邊壩跟亦合龍。當卽澆塡土櫃拋輥截護。兩正壩由石料柳枝做成，空隙甚多，下邊壩埽底亦多石塊。合龍後仍有滲漏，土櫃時常下蟄，閉氣辦法，係在金門上口廂做楷料門簾埽，趕澆前戧。再在上游二十公尺處廂做邊壩，以禦風浪，外邊壩與正壩之間，用土塡平。加高築成大堤旋門簾埽及前戧土工於四月二十日完工，遂行閉氣。外邊埽工四月二十六日完成，隨即加高堤身，加强各埽壩。全工當於五月底報竣。

當堵口尚在水下進行之時，雖員工日夕勤勞，工作成績仍不易表現，及至三月十五日晨口門合龍，同日上午九時即有善後救濟河南分署大卡車兩輛通過，稍遲，豫魯郭監察使由西壩步行至東壩已找不到口門之所在。此可證工程推進之迅速與各工作人員情緒熱烈之一般。

3. 政府重視人民利益履行諾言貫澈始終

花園口決口之堵塞，民國二十八年政府已有定議，並組設委員會規劃堵口與復堤事宜，其後口門經年刷深，故道繼續淤高，泛區水流亦已次第形成，論者鑒於堵口工程之艱鉅，認爲黃河故道不乏前例，此次決口似不必强潰水復歸舊槽以就水勢，政府重視人民利益，不爲所動，仍飭水利機關相機測量缺口，並從事於模型試驗，以爲日後工程實施之依據，迨戰事勝利結束，即設立黃河堵口復堤工程局，加緊籌劃進行。惟是工程浩大，進行中波折叢生，天時地利均有滯礙，益以中共人爲之困阻，在在均可置工程於失敗之境地，政府處處以人民之利益爲重，並爲履行其戰時諾言，各種困難均不足以影響其堵口之信念，把握時機，貫澈始終，卒能使此偉大工程於三十六年三月十五日合龍，四月二十日閉氣，從此泛濫即將十載之潰水，重復歸於故道，泛區人民得以相率歸來，以重整其舊日家園。

4.中央與地方政府與人民密切合作完成此艱鉅工程

堵口工程之艱苦，已如上述，如何使其順利推進，依期完成，自宜羣策羣力，同赴事功，執行堵口工程之黃河堵口復堤工程局爲一中央水利機關，而工程所在地及關係最密切者則爲河南地方政府。在此次堵口工程推進過程中，中央與地方雖無聯合機構之存在，然遇事推誠會商，分途並進，時時注意於遠處大處，公而忘私，當爲迅速成功之一主因。於工程進行緊張之際，除堵復局各級人員，夜以繼日勤奮工作外，河南建設廳廳長及附近各區專員縣長，亦皆身臨工地，躬親督導，尤爲高度合作之表現於行動者。其次政府對於堵口，雖具決心，然若人民漠不關心，不能通力合作，則工程之推進障阻殊大，艱苦之堵口工程，有賴於當地人民之協力者特多，此乃八年抗戰之後，洪水淹沒之餘，對於河南人民更進一步之挑戰，亦即對於河南人民更進一步之測驗。施工期內，大量料具之徵購，呼吸可致，無限人力之集合，供應無缺，開挖引河一舉，同時動用民工達三萬之衆，工程完成之迅速，還駕於包工人員之上，尤可爲我建設前途開一光明先例。凡此足資證明河南人民具有充分之能力，並英勇承担艱苦之工作，以完成歷史上所付予之使命。

5.在事員工堅定信心人定勝天

花園口位於鄭縣之下游，沙土遍地，荒涼滿目，入冬寒冷襲人，遇風飛沙蔽日，各級員工遠來工作者，首須與此惡劣環境相搏鬥。其次工作之艱苦，挫折之難防，實爲普通工程所罕見。各工程師抱着不與人爭與天爭之決心，既不爲各種艱苦環境所困擾，復不爲前進時遇到的挫折所動搖，當工程進行中遭遇最大之困難時，社會人士不無嫌言，然均具有自尊心與自信心，堅信人定可以勝天，人類終能控制自然，不顧毀譽，埋頭苦幹，只許成功不許失敗，工程師以次各級員工，亦皆能本此旨趣，各司其事，同心協力，經過千辛萬苦之後，卒使此偉大工程宣告成功。

堵口工程之進行，愈接近完成，困難愈多。自二月份起工作情緒益形緊張，合龍之前，負責員工竟有數日不能入睡者。三月十五日晨四時許，最後一隻鉛絲籠推下之後，河水就範，推動無力，合龍工程於焉完成，從事黃河復歸故道，泛區亦可計時涸復。當合龍之際，人聲與爆竹聲齊作，震動天空，經久在工之督導人員，狂歡之餘，深感合龍工作，雖幸告完成，而閉氣工程，則尚待繼續努力，益以下游年久失修之河堤，未能盡復，其中中共竄擾區域堤防之一般情形，尤爲可慮，至於泛區之人民結隊還鄉，一切困難工作亦將相繼而至，一念及至，不惟不願居堵口之功，而進一步擬即獻身於恢復大堤及黃泛區水道之整理工程，冀能除水患興水利，控制自然進而役使自然，以造福於人羣。

四、堵口工程工費與工料之統計

花園口堵口工程，工艱費鉅，大量工料由河南省政府通力合作，供給無缺，各種材料之運輸，由交通機關盡力協助，適時到達，而聯總之熱忱供應物資工賑器材等，對於工程之推進助力亦大，茲分工費概算及工料統計兩項表列於後：

1. 工費概算

堵口工程，最初計劃，係按三十五年五月初物價估擬。嗣以物價增漲不已，工程又多增改，經於三十六年元月呈奉核准，按實需情形追加。計原計劃共列二三・二一二・四五五・一八八元，追加一六・五七六・〇〇〇・〇〇〇元，總計全預算為三九・七八八・四五五・一八八元。分晰如下：

工程費	三三、七一九、九二四、一八八元
工程預備費	一、八〇五、五三一、〇〇〇元
行政管理費	四、二六三、〇〇〇、〇〇〇元

2. 工料統計

花園口堵口工程，歷時經年，工程艱鉅，用工三百餘萬，耗資三百餘億。茲將人工料物使用及採購情形，分述於後：

（子）人工統計（截至三十六年三月底止）

完成堤壩土工	八八〇、〇〇〇公方

開挖引河土工	一、五六〇、〇〇〇公方
發放麵粉（行聯供給）	六、六二五、〇〇〇市斤
發放工資	七、二五六、〇〇〇、〇〇〇元
人工總數	三、一七〇、〇〇〇工

（丑）國內器材

收購柳枝	一〇一、二五八、〇〇〇斤
收購稭料	四一、三〇〇、〇〇〇斤
收購黃料	一、三〇〇、〇〇〇斤
收購木樁（大小不同）	二一二、〇〇〇根
開採片石	二〇〇、〇〇〇公方
購運蔴及蔴繩	二、二三五、〇〇〇斤
購運草繩	一、六七〇、〇〇〇斤
購運鉛絲	二八八、〇〇〇斤
採購鐵錨	六七五個

（寅）國外器材

一、查聯總運來有關水工器材，截至三十六年四月二十日止，共到五十九列車，約一萬四千噸。除撥交復堤用者約五百噸外，其餘皆是堵口工程所使用，計

A、重型工作機器：計曳引機十四具，平路機二具，打樁機二具，壓路機六具，起重機二具，氧壓機十七具，及電焊機，機械修理車，抽水機，工具配件等六十餘種。

B、交通工具：計小火車頭四輛，卡車二十九輛，大小吉普車四十輛，及枕木鋼軌斗車等四十餘種。

C、油類：計汽油十五萬加侖，柴油六萬加侖，各種滑潤油八千加侖等二十餘種。

D、照明設備：計大小發電機十一具，電石燈六十五具，及工具零件等二十餘種。

E、建築器材：計木板，帆布，鐵皮，工匠工具等二百三十餘種。

F、土石方工具：計炸藥，雷管，引線，自洋鎬大錘，洋鍬等六十餘種，叉手用工具零件水管等三百餘種。

G、其他：計水陸兩用艇兩艘，大木樁一一三五根，鋼絲鋼二三五捲，及配糧等二百餘種。

五、堵口完成後黃泛區水道現狀

黃河氾區水道，約可分爲四系：（一）賈魯河水系，（二）沙河水系，（三）渦河水系，（四）其他水系。其中賈魯河爲沙河之支流，於周口流入沙河，河道幾已全爲氾水淹沒。沙河渦河均爲淮河支流，沙河於皖省正陽關入淮河，渦河於皖省懷遠入淮河。其他肥河茨河亦爲淮河支流，在豫境之流域較小，肥河上游稱清水河，茨河上游稱西洛河，茲就各水系現狀，分述於后：

（一）賈魯河水系——賈魯河水系，包括賈魯河幹流及其支流。支流則有鄭縣之索須河、金水河、泥河、潮河，中牟縣之丈八溝，開封縣之小清河，尉氏縣之康溝、太溝，新鄭、長葛、洧川、扶溝縣之雙洎河，西華縣之大郎溝、二郎溝及清流河等。賈魯發源於河南密縣東北，流經滎陽、廣武、鄭縣、中牟、開封、尉氏、扶溝、西華、淮陽、至周家口匯入沙河，總長約二三〇公里。該水原可通航，由朱仙鎮直達周口，清咸豐年間被淤塞後致航運斷絕。自花園口決口，黃河南氾，遂奪賈魯河幹流而下，初期氾流自扶溝以下，略偏縣境東部，賈魯河下段，仍可維持原道，以宣洩雙洎河匯入之水。卅一年尉氏榮村決口之後，氾區擴大，主流西移，該段河道遂全被淹沒。且氾水漫流，串溝縱橫，已不復有系統之可言。目前主槽寬約五百公尺，深可五六公尺，支流以雙洎河河流較長，發源於密縣之超化寺，經新鄭、長葛、洧川、尉氏，鄢陵、扶溝等縣，至扶溝之韓橋匯入賈魯河，全長約計二百餘公里。在密縣及新鄭境內，兩岸多山，河道整齊，惟河底多係石子沙礓，俗稱龍骨，堅硬無比，行舟不便。自新鄭以下，四季均可航行，涸水時期，水深約五公寸，河槽寬約二〇公尺，漲水時期，水深可達四公尺，河面寬百餘公尺，漲期前三日，水中含泥量較大，適於灌溉，可用以改良土壤，兩岸有殘堤，河道多灣曲，現在扶溝境內之河槽，已多半淤平，水流為另一小槽，須加以整理疏浚。至其他各支流，或為氾水泥沙所淤澱，宣洩不暢，或為堤防截斷，無處流匯，每致氾濫成災，亟宜加以疏浚。

(二)沙河水系——沙河水系包括沙河幹流，及豫境之支流。郾城以上，有彭、汝、輝、澧等河。郾城界首間為潁水、賈魯及東蔡河等。其中彭、汝、輝、澧四支流，未受黃氾影響，與戰前無甚變化。賈魯河已如上述，潁水下游及其支流，石梁河之下游，均為氾水淩沒，東蔡河則為沙北大堤所阻截，下游亦被淤平，應加以整理。沙河幹流發源於魯山西部，經寶豐、葉縣、郾城、西華、商水、淮陽、沈邱、至界首入安徽境匯入淮河，全長四百三十餘公里。自周口以下，因有各支流匯合，水量大增，兩岸堤埝相連，約束水流。河南境內堤距不等，有過狹之處，兩岸人民私築圩堤，頗礙水流下洩。皖境以下，河南灣曲頗甚，淤澱亦多。

(三)渦河水系——渦河水系包括渦河幹流及支流惠濟河。渦河流經太康、淮陽，拓城、鹿邑入皖境，至淮遠入淮河，約計長二一九〇公里。其主要支流為惠濟河，發源於開封，經陳留、杞縣、睢縣、柘城、鹿邑至安徽境亳縣注入渦河，計長約一九〇公里。黃河改道後，河南境內太康、淮陽、鹿邑一帶，爲黃汜泥沙普遍淤高，渦河河槽淤澱極甚。惠濟流下游亦因黃汜倒灌，大部淤澱，榮村口門奪溜之後，汜水南下，開封縣徐口至李店間修築民埝，入渦之汜水，已全部斷流。爲恢復原來之排水效能，河身應予普遍疏浚。

（四）其他水系——其他不屬於賈魯河、沙河、渦河三水系者，有淝河、西洛河等，淝河上游爲清水河、西洛河則爲茨河之支流，各河槽雖尚良好，然亦有淤澱現象，均應加以整理。

六、復興黃汜區水利初步計劃

復興黃汜區水利，擬分爲兩期實施，各期之工程如後：

第一期——恢復汜區各水道之排水系統，並兼顧航運之整理，工程範圍包括：（1）疏浚水道（2）堵截串溝（3）裁灣取順（4）堤防及護岸（5）排除積水（6）附屬工程。

第二期——繼續整理賈魯河上游，及興辦灌溉水力及其他工程，大致包括：（1）整理賈魯河工程（2）修築灌溉渠（3）引黃入賈工程（4）水力發電工程（5）放淤（6）引賈入惠工程（7）溝通黃淮航運工程。

第一期工程

（1）疏浚工程

（子）賈魯河水系——賈魯河槽，大部爲黃氾侵佔，與原來河槽時合時分。此次整理，擬自花園口起至周口止，利用黃河新道。惟自扶溝以下，因黃水漫流，支岔甚多，經選定西支岔爲計劃線，加以整理，即經馬村、陵橋、西華城西而達周口，匯入淮河。花園口至扶溝，計長約一二〇公里，該段黃河新槽，寬約五〇〇公尺至一公里，平均深度約六七公尺，花園口合龍後，經最後淤澱，其深度仍在五公尺以上，容納賈魯河洪水可無問題，故扶溝以上一段，預計尚無疏浚必要，惟其支流如索須河、金水河、泥河、潮河、丈八溝、小清河、康溝、洪業溝等，多爲氾水倒灌，必須疏浚河口，以利宣洩，其長度約四至八公里，雙洎河下流與賈魯河匯流處，爲氾水浸淤，河道淤塞，且該河預定通行第三級之船隻，擬在下游疏浚十六公里，以利航行，扶溝至周口計長五〇公里，亦爲第三級之航行段，應予整理，以利洪水之宣洩及航運。該段支流如大郎溝、二郎溝、清流河、石梁河等，久經黃氾泥沙淤澱，排水系統非常紊亂，擬參照原有水系，重新開挖及疏濬，以恢復舊有排水之效能，總計賈魯河水系開挖土方四、五〇四、〇〇〇公方，疏濬土方五、五九六、〇〇〇公方，此項土方，即運至兩岸以資培築堤防。

（丑）沙河水系——沙河自郾城至周口，長約七〇公里，定爲二級通航段，因未受黃氾影響，擬暫緩疏浚。周口以下至界首，長約九十公里，依照第一級通航標準予以疏浚，以利航運。穎水亦爲第二級航運河流，依照航運斷面，將下游平均疏浚三〇公里，至沙河周口界首間。其各支流如白馬溝、倒栽槐溝、東西蔡河、長勝溝等，在黃氾期間，曾有一股黃水沿沙北大堤東流入皖，將此區域內各支流之排水系統整個破壞，或爲泥沙淤澱，水流不暢；或爲堤防阻截，無法宣洩，擬全部予以開挖及疏浚，使恢復其原有排水系統。穿沙北大堤仍注入沙河，總計沙河水系共需開挖土方六、一三〇、〇〇〇公方，疏浚土方七、四三四、〇〇〇公方。

（寅）渦河水系及其他——渦河與惠濟河會流之處起，上溯至馬廠，長六四公里。最大洪水流量，約三〇〇——一〇〇秒立方公尺。馬廠更上溯約六〇公里，則流量僅一〇〇——三〇秒立方公尺。該兩段亦因黃氾淤澱，及年久失修關係，統應加以疏濬，挖深積沙以利洩洪。惠濟河亦應加以整個之疏浚。至其他水系如西洛清水等河，凡受黃氾之影響者，均應施以局部或全部之疏浚。是項疏浚土方共計六、七三六、〇〇〇公方。

（2）堵截串流

黃河自花園口決口之後，奪賈魯河南流，自扶溝以南黃水穿防氾西堤一再潰決，洪水漫流造成扶溝西華積水區域。又自周口以下，沿沙河北堤，呈脈網狀東流，橫穿東西蔡河、白馬溝等支流，此處之排水效能悉被破壞，造成淮陽一帶積水區域。在此兩積水區域內，串溝縱橫，排水系統異常紊亂，四季積水遍地，一片汪洋，故在疏浚水道之時，即應同時堵截串溝，使水歸一流。

堵截方法，擬在串溝上游進口處橫築土壩，與兩岸相連接，壩脚植樁，廂以柳埽，預計土壩一七○道，乙式土壩八○道，每道長度平均各爲二○公尺，共計土方三二○、○○○公方。

（3）裁灣取順

賈魯河自花園口以下，擬循行黃河新道。惟黃河河床寬闊，河槽在堤防之間曲折擺移，致水流其間，宣洩不利，亟應施以裁灣取順。而固定之雙洎河、潁水及沙河等，應行裁灣取順之處亦甚多，均應酌予施工。此項裁灣取順工程，引河之斷面平均以四六·○平方公尺計，總長約估爲二○、○○○公尺，共需挖土方九二○、○○○公方。

（4）堤防及護岸

各河流之堤防因汜水冲決，或年久失修，大都殘缺不整，亟應加以培修。是項工程即利用前節所述疏浚水道之土方，運抵兩岸面培修之。又周口至界首間現存之沙河北堤，係應戰時之需要，堤址偏北過甚，水系整理之後，應沿沙河北岸，另築新堤，計長九○公里。擬定堤頂寬四·五公尺，外坡一比二，內坡一比二·五，堤高平均三·五公尺，約計土方三、○○○、○○○公方。

又堤防受水流頂衝之處，須擇要修築柳埽廂修護岸，以資防禦。是項護岸工程估計一○、○○○公尺。

（5）排除積水

在扶溝西華及淮陽兩積水區域內之積水，應設法排除涸復，以利農耕。擬按照地勢及地下水位情形，開挖排水溝渠，深及底寬各為二公尺，邊坡一比二，橫斷面積為一二平方公尺，倘以縱坡八千分之一，約可得七·二秒立方公尺之洩水量，全部排水渠估計五〇公里，共挖土方六〇〇、〇〇〇公方。

第二期工程

關於第二期工程，當視經濟能力，逐步實施，茲分述之。

（1）整理賈魯河工程——黃河新道寬而且深，賈魯河之水流入其間，水深大減，更因漏水太甚，在枯水時期河水低淺，不能通航，擬於河中築堤，縮小斷面，增加水深，俾利通航。

（2）修築灌溉渠——賈魯河上游鄭縣附近，地勢更佳，適於灌溉。鄢陵扶溝縣境之雙洎河，亦可闢渠灌溉，以增加生產，可灌田三十萬畝，其他小型農田水利，亦應同時舉辦，以裕民生。

（3）引黃入賈工程——賈魯河常年流量不敷航運之用，擬在花園口修閘，或以虹吸管引黃河之水注入賈魯河，以資發展航運，引水量暫定八〇秒立方公尺。

（4）水力發電——黃河故道河底原較兩岸為高，花園口合龍後，水復故道。賈魯河流入黃河新道，黃河新舊道水位高差，約在四公尺以上。倘修閘引黃入賈，一方面增加賈魯河流量，發展航運，另一方面利用水力發電，供給鄭市照明及發展工商業之用。

（5）放淤——黃泛流域及積潦區域堵口之後，大多涸復。惟經歷年冲刷淤澱，多變爲沙地，不宜種植。再開封附近，原爲沙土地區，非特種植不宜，且每值風季，灰沙飛揚，爲害非淺。擬於洪水期間，施以放淤，將不毛之地，變爲肥沃之田。於沿河沙土地區及開封附近，修築臨時閘壩，分段按期灌淤，再施以灌溉，則生產增加，環境改善，利莫大焉。

（6）引賈入惠工程——開封爲中原重鎭，市內大部爲鹹礆地，飲水至感困難。惠濟河雖流經城內，因流量過小，不能修建給水工程。倘能引賈魯河之水若干注入惠濟河，則開封市區給水問題，可望解決。

（7）溝通黃淮聯運——欲謀黃淮通航，可在引黃入賈之處，另修船閘一座，以便船隻往來。並由中牟修築分水閘一座，分水爲二：1.由中牟至開封，新挖之河道經惠濟河渦河而達蚌埠2.由賈魯河經沙河而達淮河。此二水道，均可由淮河而入江海，溝通內外航運，調劑物資，便利交通，莫過於此。

七、結論

黃河花園口潰決前後，亘十年之久，幸賴政府之盡力督導，聯總之熱忱供應工糧器材，各有關機關之竭誠協助，河南省官民之通力合作，以及在事員工之戮力同心，雖中間幾經波折，卒於三十六年三月十五日合龍，四月二十日閉氣，完成堵口全功。潰水斷流之黃泛區，到處仍屬黃沙漠漠，赤地千里，其中有若干地區，不但人烟斷絕，亦且寸草不生，甚至積沙深厚之區，連蚯蚓亦無法生存，此一廣大地區歷年積沙，一旦泛區水道涸復，積沙隨風飛揚，大有使整個區域變爲沙漠之可能。此不獨爲復興經濟之一大障阻，並予中原區文化上一大威脅，復興黃氾區之工作，雖有種種，要應以水利建設爲第一。政府於堵口之後，即派遣測量隊五隊，前往該區工作，以冀依照測量成果，早日擬具妥適計劃，不料共匪繼續陰謀破壞，致工作不能順利進行，否則水利計劃早經擬定，現當可分期付諸實施矣。按照黃氾區復興水利初步計劃而言，防洪灌溉，排水放淤、水力、航運等項，應配合發展。果能一一付諸實施，不惟現時具有沙漠形態之地區，可逐漸變爲大量生產之沃壤，進而水力普遍應用，使農業工業化，而黃淮溝通各地，有無相濟，行見舟楫往返，一變其荒凉景象，另造成一新樂園矣。

黃河治本論初稿

成甫隆著

北平平明日報社印

序

我對於治河，旣未受過學校敎育，亦未參與實地工作，此書之作乃是爲了下述的緣由：

我生長在山西臨縣的一個山村裏，這裏是黃河流域的黃土層邱陵地，因地勢坡陡的原故，下在地面的雨水大部流走了；又因黃土爲質疏鬆，流走了的這些雨水必飽含泥土以去。所以這地方不但是乾旱異常用水缺乏，而且凡是黃土構成的田地、道路、宅基等，都是永被沖蝕毀壞着。

我的家庭，自祖父、父親以來，都是小本經商十不，簡直是無本拖債的掙扎，正因爲是掙扎，所以在我未成年的時代，以及成年後出外歸里休省的時候，担水與上地是不能免掉的工作，因此我對這裏取水的困難情形，不但是目睹而且是親嘗，對黃土被沖蝕的狀況，不是走馬看花的勘察，而是有攸久深切的體驗。

我們的村莊，在一個三面臨溝的土山上，村西的深溝裏有一個水井（距村約二里，臨到井旁的幾十步才平平坦，餘則均爲壁立的陡坡，人工鑿成「之形路」爬登）但是泉源不旺，要是去的時候不湊巧，往往要守候幾個鐘頭，才能待足一担渾濁的泥糊水，回到家裏沉澱的使用，因此村人們就有守水搶水的事情發生：當家中雜務叢忙的時候，爲了待足一担水，在深溝井旁無聊無賴的守候着；當嚴冬天還未亮的早晨，爲了待足一擔水，在寒冷而昏黑的深溝井旁守候着；，當炎夏烈日當空人們應當歇午覺的中午當一天工作已完身體已經疲倦的黃昏，爲了趁空擔一回現成水，再身負水擔爬登那個壁立的陡坡，一擔水來的眞様不容易，所以使用起來也實在要盡了儉約的能事。比如刷鍋水要沉澱後再用，洗臉水要幾個人合用一點，然不遇走親戚慶弔大典等事故，平常是輕易不洗的。我們的村莊，還算比較的好點，因爲村東北溝裏，還有一點輕易不至乾涸的涓涓細流，不過比村西溝裏的那個井較遠些。在我村東南一帶的村莊，不下雨時，都是些滴水沒有的乾溝，溝中向地下刨深數丈亦無泉源，或有亦是流量微弱，倘久旱不雨便完全乾涸了。那些地方，人畜飲用，全賴人工儲水窖，要是窖水用完，便得跑上幾十里路擔水，居民大部的勞力，都爲吃水而消耗了。

上面所說我們那裏人民取水的困難情形，與用水的儉約狀況，那都是天旱時候的事情，要是一遇大雨，却又是另一番情景了：山坡上遍地流水，田畔成了瀑布，溝中興起大浪，平素那樣難得而珍惜的東西—水，現在又是這樣的狼籍了。我對此情景，在幼小的時候，就造成一種怨尤造物不仁不巧的心情，與蓄水治水的幻想。

黃土是易被冲蝕的，大雨時山坡上遍地流水，雨過後便是遍地溝渠。田畔成了瀑布，瀑布的上面便是一個大渠，瀑布的下面便是一個深坑。各段田地裏的水齊集溝中，溝中便興起大浪，於是力量更兇猛了，冲蝕的更厲害了，溝坪裏的田地可以整段的沒有了，臨溝的黃土崖，可以整批的崩塌。在我兒童時代的記憶中，我們的家門前是兩丈多寬的空地，空地的下面還有各具四五丈寬的兩層階形地，階形地的下面纔是流水的深溝（但是大雨時才有水流平時是乾涸的）。到了現在兩層階形地都已跟着溝水跑掉，再要傾圮就挨上門前的那塊空地和住宅了，於是我心裏時常默想，雨水在黃土地面上具有如此的冲蝕力，以簡短的十數年工夫冲蝕的地形上就有這樣的變化，那麽向上追溯到遠古，這地方應當是怎樣的一種地形呢？向下推想未來，這地方又將要成了如何的一種情況？假若是從前的那些黃土不要走，今日的這些溝渠坑谷不要有，則我們今日耕種的也不是坡地，行走的也不是山路，我們的生活是如何的輕鬆愉快呢！然而這是一個已逝的幻境，腦子裏的空想，擺在眼前的事實，則是坡地被冲蝕而日趨陡峭，山路被冲蝕而日益毀壞，以有限的土層（我們這地方，凡冲蝕的厲害處，現在已經是數十丈高的石山頂上戴些瘦削狹長的土邱土股，冲蝕的輕微處溝底亦已露石）加以無窮歲月的冲蝕，這地方勢要變成了些無用的石山石溝，豈止貧瘠已哉，人沒有百年的壽命，而有千年的心腸，況我生長斯土，日常生活上的艱辛，幾至受賜於惡劣的自然環境，咀咒現實之餘，不禁欣慕往古而悲憫將來。

禍福問題人所關切，好奇心情亦人所共有，我除感覺我們山坡被冲蝕的威脅外，亦常想到：這地方流走了那樣多的水，帶走了那樣多的土，這些東西，究竟到了什麼地方去了？幼小的時候嘗聽年長的人們說：「水流千里歸大海」，及年事漸長知識漸增，纔知道這些水與泥土，並不是乖乖巧巧的流到海裏，牠們在中途—豫、魯平原嘗闖大禍，於是我感的問題愈複雜了，關心之程度更深切了。因爲水與土壤本來是人類賴以生存的必備資源，上游坡嶺地區的居民攔不住牠們的走，將要剝奪他們的生存，下游平原居民擋不住牠們的來經常摧殘他們的生命，上下游數百萬方里土地的存廢問題，依此數百萬方里土地上居住的數千萬人民的生活問題全繫於此了。我爲了禍福觀念所驅策，好奇心情所引誘，遂對水功、地質、治河等問題發生與趣了。然我的命運未予我以專攻此種問題的機會，却決定了我提供另一種治河方策的動機。緣我自十七歲高小畢業後，即投身社會謀生，對素所關心的水功、地質等問題，不過偶然遇到片斷的記敍時看看，由這些片斷的閱讀，得知我從前腦子裏所憧憬的我們那裏的遠古地形，果然是無溝渠的原成黃土高原，從前所擔心的坡嶺土層終歸沒落那件事，却是學術界一致承認不可避免的天演公例，我心上旣確定了上述的觀念，遂對下游堤防呀，疏濬呀等等治河方策發生了瞧不起的感想，因爲上游坡嶺地區的這些黃土，旣註定了遲早都要被水搬運到下游的河床與海口，那麼以偉大而無止期的自然力量，搬運坡嶺無數的黃壤，陸續墊高河床海口以製造氾濫，我們便要以人力不斷的增高兩岸的堤防以防止汎濫，推演下去，河床要高到什麼地步，堤工要困難到什麼程度；若說到挖濬海口，恐怕困難要比此更甚了。縱使一般人理想中的裁灣取直束水攻沙可以成功，然只治下游汎濫，不顧上游的沖蝕，於坡嶺居民的痛苦毫無解除，故我對之興趣不大。至於上游普遍造林方策，首先要停止我們那裏的耕種。簡直是要犧牲坡嶺居民的吃飯，以解救平原居民的水災，故我對之懷着一種激烈的反感。記得大約在民國二十五六年的時候，在報紙上—天津大公報—看見當時黃河水利委員會委員長李儀祉先生的『西北各省應勵行溝洫之制』一文，這是一篇發抒他的治理黃河的新見解與新辦法的文章（原文當時剪下保存，的後經兵亂遺失了）此方策，不但治下游之水災，且治上游之旱災，原則上我極端贊同；惟所用的方法，是要在山坡田地裏普遍挖開『溝洫』，使山坡的雨水能够滲入地中滋潤禾苗，而不使牠流去致為害下游。我生長坡嶺自幼耕種田地，覺得李先生治河所用的『溝洫』，實與我們坡嶺農田所用的挖窖蓄水方法相同，此法在坡嶺實地沿用已不知有若干年代了，然因違犯自然條件，其效益實在是聊勝於無（第二章有詳細的評述），李先生欲以此治河，恐難達到目的；惟坡嶺農民另外有個因地制宜的截堵山洪方法，只因人事上的制度把牠限制成幾無僅有的事了。李先生是由理論上想出來的辦法，我則尚有點實地生活的體驗，研究別的學說，我常歎自己境遇之惡劣，惟對於坡嶺農田應付雨水走洩的這一點見識上，却又得着環境上的方便了。

坡嶺地方的居民，生活的各方面，終身累世受着雨水沖蝕的嚴重摧殘，所以他們精力的一部，常和沖蝕這惡魔相搏鬥，他們抵禦沖蝕的方法，有水道、水窖、水簸箕、地埝等種種措施，其中有所謂築壩淤田一法，不但是消極的抵禦沖蝕，而是積極的利用沖蝕了。這個法子，就是在山溝裏橫築壩堰一道，把山坡流來的山洪瀦積於內，利用山洪裏所挾的大量泥土，能把土層沖蝕已盡的荒溝廢谷淤墊而為沖積平地(俗稱壩地下用此名)。此種壩地，因滋潤肥腴之故(山坡的水分、土壤、肥料、都收集於內)收穫量數倍於山坡地，我幼時雖然沒有意識到用此方法治平原之水，救坡嶺之窮，但個人致富之術確也曾經寄托於此，只因政治條件的障碍，決非私人能力所可解除，所以只不過是一時的妄想而已。比如要在一個山溝裏築壩淤田，必須這個山溝裏的土地成為一主，而實際的情形，因兄弟析產互相買賣等原因，把地權分散的極其零碎，一個小溝裏可有數十主，一個大溝裏可有數百數千主，倘有一個地主計劃築壩淤田，則其他地主均以為奇貨可居，信口開河的索高價，甚有妒嫉成性寧可犧牲厚價亦不願使他人成功，所以間有些富農企圖淤成一段規模稍大的壩地，雖積累世之籌劃亦不易成功，因為倘有一百個地主的一道溝，九十九個地主的土地都被你收買全了，內中只要有一個地主的土地收買不過來，那你的事業也就無法舉辦，築山溝築壩淤田，和修築鐵路一樣，有一千公里的一條鐵路，內中只要有一公里半公里的地甚不能由鐵路公司處理，那你的整個事業就無法進行，明乎此，就可知道個人企圖淤田事業成功之不易了，因此邱陵地遍地皆溝而壩地極少，偶於極小的山溝裏看到三五畝十數畝的一小塊，那實在是很偶然的幸運事，倘我們大家能把觀點放在坡嶺冲蝕與平原水災上面着想，而以國家的權力把今日山溝裏分散的地權統一起來，則所有的山溝裏都可以普遍築壩淤田，所有的山洪都在上游山溝裏利用盡淨了。坡嶺的溝渠坑谷都可以變為冲積平地，平原的水災，也自然就不治而治了。

讀者諸君是否相信如此，可看本書第四章的詳細討論，或尚有待於今後更深密的研究，我則自讀了李先生的那篇文章以後，把腦子裏早已死殭的一點妄想，馬上就蘇生過來，而且涉想的範圍比從前更擴大了，它以前過不過是個人的一點溫飽企圖，這一來就昇華成一個富國大計濟世宏願了。自然起先還不過是腦子裏的一個模糊憧憬，但很快的就具體化表而化，於是心裏想着，口裏說着，但我們山僻地方，那裏會有一個水利專家與之商討，只不過過些知書識字的人隨便與之談談，人家聽的高興了，或者不免恭維一句：『你的那個計劃成功了，比禹的功績還要偉大啊！』這在人家有可能是譏諷，然在我自己，企禹的功績固尚遙遙渺茫，然我是生長在貧苦山村，貧苦家庭裏的一個人，辛蒙叔父的憐愛，總算能於高小畢業了一下，後在山村教書、軍營當兵，以及現在業醫糊口，精神生活，無非想法子弄些柴米油鹽，物質生活，不外消耗弄到的那些柴米油鹽，而且內心對我們坡嶺居民的命運是抱着如何的悲觀絕望態度，以我這樣身世的一個人，一旦乃有這樣燦爛偉大的前途發現，怎能不使我輕視其他一切而向着這一個目標邁進呢，實在說，我興奮的血管裏的血液也不知道是怎樣流動了，腦筋裏的神經細胞也不知道在怎樣跳躍了！

此後我懶得看醫書了，不屑做買賣了，就一心一意的在治水上找出路，適逢那年我晉省當局要實行土地村公有，這又是一個意外的驚喜，我便上條陳發表意見，要求當局將山溝裏築壩用得着的土地收歸村公有後不可再一塊一塊的分給農民，可以趁此組織合作農場以便增產救國，但所得到的回答是：『所陳不無見地來件存以資參考』這麼兩句話，於是我想向全國各方面活動，但是我向各方面的人談論我的這個計劃，有些生長在平原地方的人，雖經我說來說去，他們總是不大明瞭築壩淤田究竟是怎麼一回事，由於了解的不澈底，興趣也就不濃厚，所以我節衣縮食買了個小照像機，把這地方的地形、沖刷情況、以及防禦沖刷的種種設施，尤其是已經淤成的壩地等盡量拍照，打算著文附影以說各方，但事初着手跟着就是七七事變，舉國騷亂，治河大計是無人談論了；所幸者我的那個計劃，其規模可大可小，辦一縣有一縣的利益，辦一村有一村的利益，因為它本來是一個改良山坡農田的方法，對於治河不過是他的副作用。又遇我們那裏新來的是十八集團軍，他們號召全國的政治口號有：『治水防旱改善民生』這麼一條，還有一冊，打破零碎分割耕種的小農制度，新建集體大農場，這是他們土地革命的中心目標，我以爲我的計劃實施的機會來到了，於是又向延安方面上條陳，滿以爲這一下是要被採納的，誰知道結果是待了一個多月，由郵局送來了我自己破爛不堪的原件封皮，只是上面加蓋了一個模糊不清的邊區政府收發處戳記，此外什麼消息也沒有了。

我感到想藉官廳的力量舉辦規模稍大點的事業是無望了，於是改變方針打算從民間活動，看見當時各種合作之風盛行，我也便乘機組織農業生產合作社，但是人家的合作社都是由公家發動，公家可以強制人民入股，或直接拿出一部本錢來經營，而且所辦的又多係興廢俱易的商店或小手工業，而我是要以一個平民獨力來號召，而且所辦的又是可興而不容廢的淤田事業。組織的簡章，要利用一個民運機關的油印機印刷，便遭冷淡的推延，後轉投門路方辦到，請求立案的呈文上求一個地方長官列名贊成，亦被婉詞拒絕。然當時我被這個事業熱中了，雖然明知暗礁重重，然我抱定那兒行不通那兒停止的主義，遂銳意進行，招股勸地不遺餘力，奔走的結果，認股已達到五六千元，得到全數地主同意的也有三四里長的兩道溝，這麼一點事業，在治河方面，實在是滄海一粟，微不足道，但說在我們那裏的築壩淤地方面，那已經是轟動村里聽聞的破天荒大事業了；且在我的心裏認爲這種事業，是坡嶺地方唯一可能利益無窮的農業改進方法，又係天安地排的治河良法，只要一有創舉，社會觀聽一變，那時民間的風從，官廳的贊助是不難邀得的，所以雖這麼一點小事業，我謹慎的態度愉快的心情，是無詞可形容的了，那是民國二十八年冬天的事。滿以爲次年開春就要興工着手的了，然又遇我們那裏的一個小小政變，事件結束後由於當地執政者獻金獻糧運動過於激烈，富有者棄其固有的田地逃亡他鄉，貧窮者樂有不出錢的現成田地可以耕種，誰再肯耗財勞力又要費時的在山溝裏築壩淤田呢？舊的生產體制被摧毀，新的生產組織未建立，我的這個事業也就無形擱置。

我要實行這個計劃的企圖是到處碰壁了，但我對這個計劃的信念毫不動搖，然也覺悟到以我道聽途說的這麽一點水利知識，高小畢業的國文程度，而欲於治河學說上另樹一幟，基本知識—如水功、地質、河工等學的充實，作文技術的鍛鍊均須達到一個相當的水準。然以我一個人養大小八九口，實地考察及入研究機關，那是絕談不到的事。故所謂充實基本知識也無非買幾本書看看。但在這一切服務於戰爭的年頭書籍缺乏，又加以我住地偏僻文化閉塞，知道的書名就不多，就知道的書也有好些是買不起，而買到的一點，科學名詞算術方式無人講解，了解的也難求澈底。自民國三十年後我算是有意的積極充實自己的水利知識了—以前是偶然遇到片斷的記述時看看，實在沒有買過一本專門的書—但爲環境限制，進益實在做少。至於作文技術的鍛鍊，也只是買了本胡雲翼、謝秋萍合著的文章作法，略看了一下。原先還想練習一點作圖技術，但亦因生活匆忙很少動筆，故本書所附的數圖亦醜拙不堪，蓋以我一個人既開約房又應診，出門買貨，下鄉討賬、施手術、調劑、管賬等事集於一身，又兼佘妻身弱多病，四個不滿十歲的孩子，都得我帶着照料；而更壞的，是我住的地方數十里內就有不同的三個政治體系存在，各方面不必要的誤會、便衣密探等的無端敲詐，使我精神上金錢上都受到很大的損失。然這幾年來，外表上整日家是接觸的別的事物，而內心則愈益念茲在茲縈繞難忘我的那個治水計劃。孔老夫子說：他曾終日不食，終夜不寢，以思無益，不如學也。我這幾年來，本打算是要致力於「學」的，但爲環境所使，大部的精力仍然是用於「思」了。然而我「思」了這幾年，是有所收穫的，比如以前我想到的治河方策，它實在是拔爺原有的築堤淤田辦法的單純的普遍化，所以它的結果，也只是上游山溝裏淤出和以前一樣性質的壩地來，只是數量比較多些；下游泥沙淤塞河床海口之患雖然沒有了，而水量暴漲暴落之弊仍不能完全免除，只不過漲落之差比從前小些而已。這幾年又「思」出來泥水另著與各山溝壩地連絡貫通的兩個辦法，由前一辦法的設施，不但下游泥沙淤塞河床海口之弊都可以完全免除了，且黃河及其大小支流，都可以達到流量由人意操縱的渠化境地，而上游山溝裏淤成的壩地也可以得着灌溉。（以前淤成的壩地雖肥沃，但不能灌溉。）由後一辦法的設施，不但各山溝壩地灌溉之水，可以有無互相調劑交通上得到很大的便利，而且還可以由人意改造一些地形。勢被冲蝕沒落的黃土邱陵地，我們將要利用冲蝕，使牠轉向另一個地形藝術化的世界漸進，今日兇暴的河流也將隨之而變爲馴順的渠道。

著者覺得本書所提供的方策，它是最理想而最易實行的唯一治河良策；惟著作內容確有不少的劣點與缺點存在，書末後記裏有約略的指陳，今後倘有增進學識的機會，還想要充實改善的，這也就是本書名『黃河治本論』之下，復綴以『初稿』二字的原因所在。

或有人要問：未成熟的初稿爲什麼就要急着發表呢？我的回答是：因爲黃河的需要治理太迫切了，文章欠成熟最壞也不過我自己丟醜，好方法藏在肚裏不露，那是要耽擱着聽任數不清的同胞受難的，不管客觀上是怎樣，我的主觀上的確是如此，出於良心的裁判，所以就決計問世了，書內第一章至第三章，因參考材料的缺乏和自己學識的淺陋，就是担心要丟醜的地方，敬希　博雅指教，第四章就是我認爲義不容秘的那個好方法，然又因希人了解之切，望人接受之殷，言詞或不免有冗複之處，希愛簡之士勿以詞厭意好了。

中華民國三十三年十二月十五日

黄河治本論初稿　序

一〇

黃河治本論初稿目次

黃河治本論初稿

成甫隆著

第一章　對於黃河治本施策應具的基本概念

第一節　原始西北黃土層的生成

據地質學家的推測，中國西北部的黃土層，是由風造成的，風怎樣就能造成中國西北部的黃土層呢？在今日的中國地形氣候條件之下，這是不可能的事；但是地球是由熾熱的流質漸變爲固體的，在這冷却凝固的過程中，地表上是經過了好多次的起伏變化才成就了今日的這個現象的。在這好多次的地殼起伏變化中，有一次的變化是這樣的：南起舟山群島，經過山東省的東部，直達遼東半島曾有過一條很長很高的山脈、這條山脈的南端，接着東西橫亙的秦嶺山脈，這樣就把中國西北部的東南兩面圍繞起來了，遂使東南溫暖滋潤的海風吹不進來，於是這個區域裏就成了雨澤格外稀少氣候極端乾燥差不多整年價刮着冷冽的西北風的現象。中國西北部的西北，正是漫無邊際的沙漠地帶，那些沙漠裏的沙塵，受着風力的吹颳，就地推滾，空中飛揚，陸續不斷的向着東南方—中國的西北部移動，這種情形，不知經過了多少年代，這無數粒的沙塵，愈運愈遠，愈積愈厚，便把中國的西北部造成了另一種現象。溝壑全被填滿了，（在沙漠時代以前，中國的西北部原來就是山嶺重叠，溝壑密佈，其地形正如吾人假定把現在的黃土層完全除去了所見）巨大的河川湖泊，或者略微點低窪的痕跡，山嶺全被掩埋了，最高的或者外露一部峯尖，這個區域內，到處鋪着黃白色軟棉棉的沙塵，充分表現着沙漠的現象。天空既不落雨，地面上當然也沒有河流，沒有河流，地面的溝渠坑谷也無從產生，所以我們試閉目一想，原始的西北黃土區是如何的一種地形呢？

第二節　黃河的生成

當沙漠時代的末期—地史上稱中國西北黃土區生成的那一段年代，爲沙漠時代—這個沙漠區東邊的那一列山脈，又因地殼凝固的變化陷下去了，秦嶺山脈的東端也隨着下陷，中國西北部—沙漠區—的東南屏障解除了，於是又有溫暖濕潤的海風吹進來，天空也就有雨降落，整年價颳的西北風也成了季節的出現了，西北風旣少而且力量也不像從前的猛烈，又加以地面不時雨洒之故塵沙不易飛揚，黃土層的製造就這樣停止了。天上有雨降落，地面也有水流，按普通情形講，沙漠對於雨水的滲透力極强，以華北的通常雨量，很不容易使沙漠裏有水溢流；但是這裏是風颳來的極微細的沙塵，經過若干次的雨洒之後，地面上就相當的堅硬了，又因氣候溫暖雨量充足的條件下苔蘚雜草也就繁殖起來，因此就對雨的滲透力大大的減損了；還有一層重大的原因，就是中國的西北部，原來就是個山嶺重叠河川密佈的地方，雖經過億萬年若干厚的沙塵掩沒，然原來地形上的坡度是不能完全泯滅的，有相當硬度的黃土坡，遇着急雨就能有水溢流，有水溢流就一定要沖開溝渠，這些溝渠裏起先還是每逢下雨的時候纔有水流，再經過很久歲月，把這種溝渠底子上的土層沖刷淨盡之後，才能有經常不涸的涓涓細流，因爲據我們今日的經驗，在黃土層上豎井，若達不到其他地層是不能有泉湧流的。這還是因爲黃土層滲透力極强有水要一直滲到底，若不遇其他緻密堅硬的地層是不能停止的。這種經久不涸的涓涓細流，再經過擴大繁衍合併的過程，源流相當長，水量相當大了，便叫做河流，黃河的生成便是這樣的。

我們今日所見的黃河特性：一是含泥量特多，二是漲落之差過巨，若究明牠的生成條件，便可知道牠的此種特性之有自來矣。

第三節　西北原始黃土高原的破壞

黃土高原的水流匯集而成黃河，又因土質鬆脆有流必沖的原理，而黃河又成了黃土高原的破壞者，故西北黃土高原，只有在黃河尚未誕生的時期完整過，黃河略具雛形，黃土高原就被沖蝕的有了缺陷，待黃河成長，黃土高原就大非原貌了，我們今日所見的黃土邱陵已是黃土高原的殘餘了。總之黃河年齡的增長，便是黃土高原軀體的破損消瘦，二者之關係，有如燭體之與燭光，所不同者，只是燭體化為光與熱而消滅了，黃土高原是被水分解後搬運到別的地方去了。

第四節　黃河下游平原的生成

上節已說過，黃河是上游黃土高原的破壞者搬運者，牠把上游黃土高原破壞分解後，搬運到下游而造成平原。當沙漠時代，今日的黃河下游也是沙漠也是陸地，但比較黃河上游的高原地方要低的多。後來由舟山羣島直達遼東半島的那一列山脈及秦嶺山脈東端的下陷，這地方也隨之下陷而有海水侵入，於是就變而為海了，據地質學上的推測，那時候太行山的東麓是海岸，山東的泰山是峙立海中的孤島。但是黃河下游陸變為海的時候，正是上游黃土高原上黃河誕生的時候。此後掌握黃土區地形的權威者，由風變而為水了。這個新任的自然大力士—黃河，由高地挾持着大量的泥土，傾注於新成的淺海裏，這樣時張—暴雨時—時弛—平時—的工作着，慢慢地就把風成的平坦高原，挖開無數的溝渠坑谷及今成為破損不堪的邱陵了；把新成的淺海逐漸淤墊為陸地，及今成為一望無際的下游平原了。這個西起懷慶府，東南伸至淮安府，東北伸至永平府，面積約二十萬平方公里的大三角洲，便是這個自然大力士—黃河數千年來移山塡海的偉績。

第五節　上下游將來的自然歸趨

物理上的定則，是永恆不變的，故吾人對於宇宙間的現象可以鑒往而知來。原始的黃土高原，今日已沖蝕成破損不堪的邱陵地，此種邱陵上又因沖蝕之故，溝渠日益加多坡度日益加大，故沖蝕之事，不但要繼續下去，而且是要漸趨嚴重，所以今日的黃土邱陵，勢必以較已往更快的速度趨於消滅，不用說那裏的居民也要生活漸趨艱苦終至完全淘汰，此上游邱陵地之自然歸宿也。下游原始的海，今日已塡成二十萬平方公里的平原，但上游的黃土還多着呢，這些黃土，早晚都要被水運送到下游；但是我們平常所說的黃河移山塡海，它是機械的有條件的，比如說海岸線在太行山麓的時候，黃河一出山峽就入海，牠所挾持的泥土也大部拋在海裏了，但今日黃河出山峽的地方，與入海的口岸之間，隔着千餘里的平原，地面坡度愈大水之流速愈快，水之荷負力是與流速作正比例的，所以黃河到了坡度小流速慢的平原上，牠的荷負力就大大地減弱了，把牠所挾持的泥沙隨處拋棄，牠在平原上走的途程愈遠，帶到海裏的泥沙也愈少，所以今日上游所存的土層，雖然將來都要被水搬運到下游，但不一定是都要到海裏，而大部要散佈在今日已成的平原上。我們試想，今日上游所有的土層，大部散佈於今日已成的平原時，各地還要瑑得多少厚的冲積土呢？前數千年下游平原上的文物，今日要由地下發掘得之，今日下游平原的文物，若干年之後，恐怕也要由地下發掘得之，此下游平原之自然歸宿也。雖然上面所說，那是上下游聽其自然的歸宿，人類是要征服自然的，吾人的一切治河對策，就是要征服自然而挽救上下游的那個悲慘歸宿。

第三章　黃河流域的現狀

上章所述黃土區的生成呀，黃河的生成呀等等，那都是地質史上的事，地質史上的每一階段，往少說也在萬年以上，一個人的壽命多不過百年，中國的歷史也只有四千多年，平常人對於生前死後的事就不管了，所以地質演變的事，一般人多抱着無關痛癢不怎麼注意的態度，其實人不能一刻離開地面，地面上的一剎那極微細的變化，也與人類的生活息息相關，一個人一個民族固不能盡歷地質演變的一全段，但也不能不經歷其中的一小段，玆章各節，就是討論黃河流域居民，實際生活上所受於地質演變的影響。

第一節　下游冲積平原

凡河流造成的冲積平原，因農耕適宜，交通便利之故，很快很早的就有居民繁殖起來，我漢民族啟初的歷史，都在黃河及其支流汾渭平原上，但正因爲地面上的變化與居民的生活息息相關，所以自有歷史的記載以來，就有居民鬧水災呼治水患呀等等事績，這就是因爲黃河固然造下肥沃的平原供我民族的發祥，但牠的造陸運動是機械的，在人口已經繁庶了的平原上仍要繼續此種工作，就成了摧殘居民生活毀滅地面文物的暴行了。蓋河流平坦地面之上，流速必然遲緩，流量必然散漫，則水裏所挾持之泥沙，不及到海便隨處沉澱，這一處墊高了再走那一處，那一處墊高了又走另一處。人烟稠密的平原上，河流如此游走汎濫，居民爲避免禍患計，於河之兩側修築堤防以約束，但在平坦的地面上，以人力用沙土修築成的堤防，其高其堅極其有限，以我國第二大川的黃河，每秒漲至一萬立方公尺以上，那是常見的事，最高流量每秒可漲至三萬立方公尺，要使如此的河流盡歸於平地建造的人工河漕，且要使漕歷久而不潰，其困難情形可想而知，故雖盡力修堵而潰決時聞。且黃河是世界上含沙量最大的河流，每年在洪水時，水中含沙量可達到百分之三十以上，其在自然游走散漫於各地時，其所挾持的大量泥沙也就散沉於各地了。但在修築堤防之後，對從前游走散漫的河流，固可得到相當約束的效果，然其弊也，從前散淤於黃汎地區的泥沙，今將要悉數淤積於狹窄的河漕之內，河底愈積愈高，致兩岸修築堤防的工作愈加緊要，而且愈趨困難，終至盡最大努力亦不能維持時，於是整個河流大徙道矣。我國開創於黃河流域，所以各朝代都把治河視爲國家要政，竭盡才智之士的計慮，耗盡國庫的錢糧，征盡地方的民力以從事於治河，然而黃河決口之事不可以數計，而河道大徙，亦已有七次了。人烟稠密的平原上，河流決口改道時居民將受到怎麽的一種影響呢？頻遭汎濫之害的下游居民均有慘痛的經驗，但終身居住上游拔嶺的人，自不免對之漠然，兹將朱延平氏『冀豫兩省黃河決口之回顧與前瞻』（原文載水利第四卷第五期）節錄一段，即可概見一般。

『民國十九年本人承乏河北省河務局局長，甫於七八兩月將東明高村十三埽險工費盡心力搶住，北一段以河水漫由串溝，鉅量的流至堤脚，順堤東下狀至危險見告，本人急往視察，已出有漏子數個，幸均搶住，至石頭庄迤上香里一帶，見水面距於堤頂，才約尺許，由共處乘船至河岸視察，漫地而過，經過十數村莊，低處之房，毀者甚多，高處之房距水面亦不過尺許，共有埝堤之村，由外觀之一如鍋底，行十餘里至河岸，則村莊已爲水冲去三個，由此串溝而下之水，順堤行百餘里，至老大埽迤上，始歸入正流，沿隄視之極目之所至無非是水，所有村莊均在水中，本人謂從人，此不能復謂之黃河，如謂之黃海，豈不名符其實』。

上面所說，不過是隨便節錄的一個地方一個小決口的極不完全的描寫，數千年來各地不計其數的大小決口，及七次的整個河流大徙道，一次一次的都要把人烟稠密的平原，範圍或大或小的變作黃海，居民所受的災害之深可以想見了。

還有一層，就是河裏所挾持的泥沙，顆粒愈大者愈先沉，顆粒愈小者愈後沉，所以凡遭洪水之區，若其地之水爲停諸不動，或流動亦甚緩慢，則水裏所挾持的泥沙，粗大者先沉於下，微小者後覆於上，故其地雖遭一時之淹沒，然水涸後仍不失爲可耕之田地。若流動相當急速之處，沙粒之粗大者沉澱於其地，微小者則隨水漂流於遠海或他處，故水過後那地方就變爲不能耕種的沙漠了；又下游流道沙漠化，與上游地面有密切的關係，蓋風成之黃壤其顆粒極小，粗大之沙粒，係來至石山石溝（沙漠亦非供給之主要地區，可參閱第四章戊項）所以若上游地面悉係黃壤蓋覆時，則下游地面自無沙漠化之情形發生，但今日上游地面之黃壤，經攸久歲月之雨水沖蝕，已有極大之面積呈露石質與沙層，故下游地面就有沙漠化之情形發生，今日黃河下游冀、魯、豫平原，已有極大之面積，禾稼不茂，村舍零落，呈現着類沙漠的情況，茲把張含英氏，『視察黃河雜記』（水利第三卷，第五六期）裏描述此種情況的文字節錄數段如次：

『沿堤西行，愈爲荒涼，鄆城、鄄城、荷澤一帶較之利津濱海等地遠不及之，沙磧乾枯非興水利不可。

再五十里於下午三點半至考城，沿途極爲荒凉，飛沙遍地草木不生，殆如沙漠，皆黃河之賜。

經黃河故道，銅瓦廂在其北，因沙不能行，且天晚未赴銅瓦廂，而堤形縱橫，忽高如邱嶺，或一道深溝，已不辨何爲河身，何爲決口處矣。登頂一望，不禁桑田滄海之感。

二十五日出開封北行，赴十八里處之柳園渡口，開封城之周圍皆係沙，正與昨日所見者同，禾苗全無，只有柳樹，開封乃舊京都，想當時決不能如是之沙荒，黃河之工作亦大矣』。

上面所說乃不過由濟南到開封沿途所遇者，並非專門調查沙漠化了的地區，在冀、魯、豫、及蘇、皖，凡是黃水曾經游走過的地方，到處都有牠造成的具體而微的沙漠存在，將來上游黃壤面積日蹙，石質沙層之範圍日伸，下游地面沙漠化之情形，自然要隨之漸趨嚴重，土地之肥沃性漸減，則居民之生活必然漸苦。

第二節　上游坡嶺

上游坡嶺，因地質瘠薄，交通阻塞之故，在古代人口稀少的時候，是無人居住的，後來因爲生齒日繁，平原土地不敷分配，於是就擠逼的，把坡嶺地面也開墾種植起來，據傳說，我們臨縣在金初建國時全縣人口不滿千戶（現在全縣人口二十萬，已有人滿之患居民四出求生）如方山、永和、石樓等縣居民十分之七八係晚近百年內才由外邊遷來的，至今尚有未開墾的少數山地存在，尚可容納一部分人口，所以風成的原始黃土高原，人類實在沒有趕得上享受，趕到享受時已成了高原的殘餘—邱陵了。從來社會一般人士，均謂上游無河利亦無河患，這實在是一個大錯誤，因爲我們日常所說河患，實在就是山洪爲患，山洪是什麼東西？牠是從什麼地方來的？誰都知道牠是水裏邊摻混些泥土，是從上游坡嶺地面流來的。水與泥土，是培藝百穀，人類賴以生存的必備資源，上游坡嶺地方每年流走了巨量的水與泥土，此種沖蝕走失永無已時，則今日破損不堪的邱陵地，亦終有沖蝕盡淨的一日，河患之嚴重，豈有勝於此者？故稱以爲下游河患，可比如人身暴飲暴食的急病，而上游沖蝕之患，簡直是耗損體質的痼疾，我國江河下游的東南平原，常遭汎濫之患而不失爲富庶之區，反之江河上游的西北坡嶺，從無河道決口之事，而緊稱地瘠民貧，這是世所週知的事實。下游汎濫之患，是間歇與現稀疏散在，而上游沖蝕之事，則是普遍存在無歲可以或免，據近年各方實測的結果由黃河每年流走了的水，約爲五百億立方公尺，帶走了的泥土約爲十五億立方公尺。流走了水便是促成旱災，帶走了泥土便是減損地力。這還是單純的說法，而實際上的損失，並不是這樣簡單。比如說每年由黃河帶走了十五億立方公尺的泥土，這是單指溶解於水內由黃河帶走了的而言，那些並未帶走，但因沖蝕之故，傾圮移動的土質，要超過此千百倍，這些土質的每一移動——那怕牠是少量的近距離的移動，都要有一定的損害發生，比如說由上段田地裏傾圮到下段田地裏一批土（因今日的坡嶺田地多已整治的略具階梯形，故能有此種傾圮發生），上段田地裏的禾苗，由土帶走，下段田地裏的禾苗必然要被土壓殺。上段田地裏開了一個壑，下段田地裏還添一堆土，上下段田地裏不但都有禾苗的損失，而且都要增加耕作上的困難，因爲這塡壑平土堆，都是要耗費人力的。至於水的流走，也並不單純的流走了水，坡嶺農民，翻山越嶺以人力擔送到田地裏的一點肥料，經過三五次大雨便洗刷個乾淨，至於田禾的沖倒，那更是無地莫有無年莫有的事，因爲坡地上是有水必流有流必沖，那怕牠是極微小的一個溝渠，亦足以妨害禾苗而減損收成。比如說只是沖開深廣一寸的一個小溝吧，假如是在剛入種籽的時候，此一處連土帶種籽沖走了以致無苗，彼一處又因新增泥土將種籽沉壓之故亦是無苗。在禾苗出土以後，雖一寸的一個溝，亦足以將稚苗連根拔走了。禾苗壯大後，一寸之類的小溝固不能連根拔除，但因沖走泥土之故，暴露根部，吸收營養料少，生長不好；陽光直射易枯乾；風來了易擠折等等弊害俱不能免。在平地裏種一畝穀，一切耕耘等勞作約需五日，收穫可以得到一石。但要是坡地，除正規的耕耘等工作外，又要多加整修地畔、塡壑、挖水道等坡地裏應有的特別工作；且地中往來也是鑽溝爬山在在要多耗時間，所以勞作就不保要增加到七八日以上，但是收穫方面，因坡地雨水沖蝕損傷禾苗，水分肥料不易保蓄致非稼長不好等原因，說不定就要減少到五六斗以下。所以坡嶺地方確是勞作特別艱苦，而收穫格外微少。其他如交通，坡嶺上本沒有天然道路，以人工費盡千辛萬苦，在山崖上鑿成的崎嶇險道，經一次大雨就必然有沖壞處須得補修。至於住宅也是因地勢坡陡之故，前臨深溝後靠高山，修築時平整困難，居住時常虞崩坍。總之，人們生活在險峻的坡嶺裏，實在是行險僥倖，有因砍一回材而落崖殞命者，有因刨一回地而陷坑殘廢者，這些都是雨水冲蝕，自然破壞土層之賞賜。

邱陵地每下一次大雨，就要滿地創造大小不等的溝渠一次，凡創造溝渠就是土層的損失，溝渠創造復創造，土層損失復損失，今日已有好些地方，已是百數十丈高的山頭上，頂着有限的一些土層，山腰以下至溝底，土層喪失已盡，成了石質或不能耕種的其他地層，但因居民生活無出路，把那些山頭上的土層用鍬钁刨的往下滾，因爲那些山坡的坡度很大，所以山頭上刨起的鬆土，就可以隨滾隨鋪的到溝底，濕濕的石坡上用人工帶物理的方法，鋪上三五寸厚的一層土，便勉强的耕種起來，我們大家可以明白，此種人造田地，其土層更易被冲去，水分肥料更不易保蓄，而且山頭上的土層也是有限的。所以我們對那些人的生活狀況與前途，也就不必往下細說了。我們初讀社會進化史，每要驚訝我們的祖宗—太古人類謀生的艱苦，與生命的無保障，而今日的坡嶺却有其生活類乎太古人類的同胞存在，太古人類的生活艱苦，是因爲人智未啓資源未闢，而今日坡嶺同胞的苦難，却是因爲人智已衰（因一切條件惡劣教育無法發展）資源已竭，我們能認爲地質的演變，是與現代人現實生活無關痛癢的事嗎？

第三節　流道本身

黃河的集水區，面積約爲六十萬方公里，流長約四千公里，僅次於長江，故爲我國第二大川，然因地質地形的關係，灌溉及航運之利不及長江遠甚，茲將其大略情形作一個簡要的敘述：

通常把黃河由青海發源處起，經甘肅、寧夏、綏遠，至山西河曲以北之長城止稱爲上游，此段地勢適宜灌溉渠道極多，故有「黃河千里，惟富寧夏」「黃河百害惟富一套」等諺語。甘、青兩省內灌溉事業亦比較發達，故上游實是黃河流域得着灌溉利益的地方。航運方面，由蘭州至包頭一千公里可通民船，曾經試行小輪數次，因水淺沙阻，尚須設法改善。據李儀祉先生估計，此段流量，只佔黃河總流量的百分之十五，含沙量亦比中下游輕微的多，據華洋義賑會與黃河水利會實測所得結果，鮮有超過百分之二者。故將來施治的方策，亦在於擴張灌溉面積與整理航道，並不像下游似的要把大量的經費都耗費在不生產的防患工作上面。自長城至孟津是為中游，黃河在此段行於山陝交界之谷道內，灌溉事業除其支流汾、渭等河各有若干面積外，幹流上幾無灌溉之利可言，不但是因田在高山水在深谷，而且高山上的田地，亦是既坡陡而且破碎，普通開渠方式，在此等地方決不能適用，即一般人所期望的階田辦法，亦因地形過陡而極其破碎之故，恐難於普及。航運方面，只禹門口至陝州二百公里可通二百担以下之民船，禹門口包頭間六百公里，因有龍門龍王潭等險要幾不通航。黃河在此一段內支流極多，所收集之水，約佔其全流量百分之八十，其各支流均來自黃土邱陵地，曾經測量過之涇、洛、渭等河，洪水則含泥量有高至百分之五十以上的時候，其他未經測量的小支流，因集水區地陡土鬆之故，含泥量亦決不在洛、渭以下，故這一段實是黃河的患源所在，我們談黃河治本的人亟應把眼光由下游轉移上來。自孟津至海口是為下游，黃河在此一段內，除首部有伊、洛、沁、濟—此四支流之水約佔黃河總流量的百分之五—等支流外，武涉以下再無一支流加入，河流行於平原上，且有許多地方水高於田，似宜灌溉之利特盛，然實際上近年內才有虹吸管吸水灌田之事發明，在從前因恐懼潰決之禍，幾無人敢利用黃河之水灌田。航運方面在黃河由山東利津入海的時候，七百公里間可通千担以下之帆船，自從民國二十七年改由賈魯河入淮後，原來的舊河道，水涸之後，又要多添一道狹長的沙漠，而淮河淤墊氾濫之害，又必代黃而興，已定的導淮計劃，已成的導淮工程，亦要因之另事更張了。

第四節　黃河不治對國家民族的影響

黃河流域，其上游集水區，常苦旱災且有土壤破壞之患。其下游洩水區，常鬧水災且有田舍沈沒之退。而流道本身，又是灌溉航運之利甚微，潰決改道之患幾無法救治，所謂錦繡山河，實是一個旱潦頻仍的災區，神明貴胄，乃成了饑寒煎迫的一群災黎。徐世大先生所撰的一篇『潦與旱』裏曾說：『天災之流行，於國富民力之損失，猶有所限，其重大者釀成普遍之騷亂，文化之摧殘，國力之損失，外力乘虛，侵凌壓迫，而致於亡國者有之。漢末黃巾之亂，開五胡亂華之始，唐末黃巢之禍，貽遼、金侵略之基，明末闖、獻之猖獗，實滿洲入關之先鋒，清季洪楊之革命，成天津條約之恥辱。而民國二十年之大水，促成東北四省之淪陷，尤吾人所刻心鏤骨，永矢不忘者也。

國運一時之盛衰，在人類歷史中不過一小小起伏，當無關於一民族之永久生命也。惟文化之摧殘，民智之低下，民德之墮落，使一民族呈衰老之象，馴致不能維持其生命，斯可悲耳。災害過頻實能促進民族之衰老，不特一時之擾亂，毀滅文物，使吾人所遺留者，不能發揚而光大之，且自優生學言之，災害所摧殘者，尤汰善良而留劣弱之民衆，使一切進步爲之阻礙，中華民族美德之一在儉約自持，能菲衣惡食，而最大之惡根性，則在嫉功忌能缺乏同情性。此種風氣之養成，持優生說者，謂淵源於飢饉之過頻，殆非虛語。蓋例以適者生存之說，惟能儉約積蓄者，能免飢饉之恐慌，亦惟自私自利者能苟延殘喘於飢饉之世。賣兒鬻女以飢饉之處爲多，而惟自私自利之人，能忍骨肉分離之痛，故凡見義勇爲，富於同情心之徒，多不免於飢饉之世，而飢饉所遺留者，乃傳此自私自利之根性於後世而日益深固。此中華民族之絕大損失，實大受饑饉之賜也。

普遍的水旱災饉，已數數見，而局部的水旱現象，則尤更僕難數，即在平時，有沈淪於水底者，有赤地千里者，其地居民終年菜色，救死不暇，言力既不如人，言智更爲低劣，如此民衆何以立國，古人有言『衣食足而後知禮義』無衣無食而欲求其身心之健全，以迎受近世之文明，眞如背道而馳，終不得達」。

黃河流域之現狀，及其對國家民族之影響，已如上述，故黃河治本，直視爲拯救國家健全民族的一個重大問題可也。

第三章　對於各種治河方策的評論

第一節　上游坡嶺普遍造林說

上游坡嶺普遍造林，以之治水防旱，差不多已成了一般人的口頭禪，然此法雖首者最多，却也最無道理。第一此法實行起來，要把廣大的耕種面積改造爲森林，在經濟條件上已有不可解決的困難存在；且在學理上亦係毫無根據之謬說，玆將李儀祉先生的『森林與水功之關係』（原文載水利第二卷第五六期）一文錄之於下，以破除一般人之迷信。

「今也某地某河汎溢，決堤潰樂，田廬淹沒，人民爲魚，外邦遊客借箸而籌，罔不曰：中國之洪水，由於原岸山原之無森林，欲根本去水患，必自培植森林始。吾國士大夫亦從而和之曰：森林爲治水之唯一要道，森林植則水患從此息矣。今也某地久暘無雨，禾苗盡枯，歲乃洊飢，人民流徙，外邦遊客又拍案而呼曰：中國之旱荒，由於缺乏森林也，使森林充足，則雨暘不至失時而永無飢饉之患矣。吾國士大夫亦隨而和之曰：森林爲防旱之唯一要策，欲免旱荒，則莫急於培植森林矣。著者竊有所詢焉者：

（一）森林必佔流域面積百分之若干，則河流始不至於汎濫？

（二）森林必如何分佈於一地，則該地始免於旱荒？

（三）森林所以能防水患，備荒旱者，其理由安在？

有曾一深思而熟考之者否？不思其故，但外人云云，則吾亦云云，於是則惟見森林之提倡者，而河之治，旱之弭尚不知在於何時也。

雨之降於地面也，其歸途凡三：曰逕流，直接入河流；曰蒸發化氣入太空；曰滲漉入地爲地下水，發爲泉源入於河。今幷洪水之災者，必曰逕流過多，故水量驟增，河身弗能容也。逕流過多必其蒸發滲漉少也。謂森林可以防洪，必其功可以增蒸發滲漉之量而減逕流之勢也，然考之事實則殊不然。

按奈司勞咸耳亥姆、布來香克納、濤馬亥、愛倍買耶、里格勞、諸家實驗，凡地面爲死質所掩覆者，是以減蒸發之量，而爲活質所掩覆者，則是以增之，在德國布里門沼土試驗所所得結果，由五月十五至六月十五所降之雨在沼面上蒸發百分之五十，而在厚十公分沙層掩覆之地面上，則僅百分之九．五。由六月十五至九月十五，與上相當之數，爲百分之八十與百分之十，其他實驗結果，多有與是相類者，愛瑟爾實驗得沙層厚一公分，已足減蒸發量三分之一，而地面覆以他物者，其結果如下表：

	死物掩覆					活物掩覆			
	未覆之地面	覆以石者	藁稭其厚爲			松檜樹新針	馬尾松	櫸栗	草莠麥
		一公分厚	○・五公分	二・五公分	五公分	五公分	五公分	五公分	
每一千平方公分地面蒸發									

自一八八一之七月十二日至八月十二日	五七三九公分重量	一八六二二	二三七二二	一〇四〇	五七六二二	八七七	六三〇	一八九〇二公分
	或百分之百	三三	四二	一八	一〇	一二	一五	一二	二四三

由是可見活物掩覆之地面，其蒸發固大於死物掩覆者矣。但森林掩覆之地面，其蒸發量，則遠不及草卉五穀所覆之地面也。黎司來實驗得每日蒸發及損失之量：於草地爲三•一至七•三公厘，於首蓿爲三•四至七•〇公厘，於麥爲二•七至二•八公厘，於小麥爲二•二六公厘，於山芋爲〇•七四公厘，至一•四公厘，而於樅樹則爲〇•五至一•一公厘，於山櫸則爲〇•五至一•〇公厘，一公畝森林中，其蒸發量固多於不毛之田中，然較之草穀所覆之田中，則幾減三倍。

樹木之爲物，其本身能蓄水甚富。據愛倍買耶之實驗八十五年之魚鱗松，其枝幹針葉中，合計可蓄水一千公斤，發育之期，則日放水焉。

哈爾底希計算，每四分之一公畝，千株之林，六個月中（一百八十日發育日期）平均蒸發一〇三公厘，分別計之，則闊葉樹林蒸發一三五公厘，而林外則爲四九七公厘，林中有枯葉覆蔽者，其蒸發更減，繆特利頁集愛倍爾林十三測站經五年（一八七五至一八七九）之結果。得一平均數，在林中蒸發爲一二五公厘，在林外蒸發爲三〇三公厘。由此推之，林中蒸發，不過林外蒸發百分之四十一。但以各站之蒸發器設於林外非直接當太陽光下，故致斷其比例數當更較小。愛倍買耶由一八六九至一八七〇實驗得林中蒸發，爲林外百分之三十六。韓倍克在其所著書中，所舉結果相類。格拉維留本韓倍克之觀察平均得下數：

在林中蒸發於陽曆	六月	七月	八月	九月	平均共計
爲林外蒸發百分之	三五	三二	三五	四〇	三六

由以上實驗各家證明蒸發一項林內少於林外草谷之田者遠矣，

茲再論滲漉，凡地面覆以死物者，其滲漉多，覆以生物者其滲漏減，茲舉窩爾尼實驗列表如下：

滲漏量以立方公分計，實驗面積，爲一千平方公分厚半公尺。

一八七五年		五月	六月	七月	八月	九月	十月	共計	以百分計
雨量以立方公分計		九三八六	一〇八六六	一〇〇七七	七五二六	五四九一	一三三六七	五九七一二	一〇〇
滲漉量 沙	不毛	三九〇九	八一〇四	五八三八	四五〇六	二九二〇	一一四八八	三六七八〇	六四
	草覆	四	九二二	〇	〇	〇	七一〇〇	八〇三〇	一四
泥	不毛	〇	三七三二	二四六二	一八六三	四七五	一〇〇四七	一八五七六	三三
	草覆	〇	〇	〇	〇	〇	七一八	七一八	一三

土	
不毛	草覆
一四八六	〇
五〇〇九	一三〇
三四二二	一三〇
二三九八	二〇七
一六一五	〇
一〇九四六	四五五二
二四八七六	四九二二
四四	八、七

至若以森林所覆之地與草所覆之地相比較，則據窩爾尼有如下表：

歷年	一八八七至一八九三	春	夏	秋	冬
雨量	以公升計 以百分計	三七〇·三 一〇〇	八〇五·〇 一〇〇	五四〇·九 一〇〇	二三四·四 一〇〇
檢林	無葉林掩覆 公升 百分	一〇一·〇 三五·四	二三·〇 二·九	四六·一 八·五	七九·三 三一·二
全上	有葉林掩覆 公升 百分	九二·一 二四·九	一七·七 二·二	四〇·〇 七·四	六六·二 二三·一
魚鱗松	公升 百分	一五六·〇 四二·一	三〇·一 三·八	一三三·三 二四·六	一三〇·八 五一·四
草	公升 百分	一九七·〇 五三·二	四四·五 五·五	一二八·五 二三·八	一四八·九 五八·五
不毛	公升 百分	二〇〇·一 五九·五	二八八·九 三五·九	二三四·四 五二·六	二〇二·八 七九·七

又勞比氏由一八九〇年十一月一日至一八九三年十月三十一日實驗得結果如下表，其實驗面積爲一平方公尺。

歷年	一八九〇年至一八九三年	冬一八九一至一八九二年	夏一八九二至一八九二年	冬一八九二至一八九三年	夏一八九二年
雨量	公升	八二七·六	一四〇九·六	三七九·二	一一九一·〇
	百分	一〇〇	一〇〇	一〇〇	一〇〇
滲漉量以百分計					
沙質	榆	一〇八	四七	九六	一五
	檜	九九	七七	九六	五八
	草	九二	五五	七七	三五
	不毛	一〇九	九八	九二	六
石灰質	榆	八九	九二	七六	二〇
	檜	八〇	五二	六六	三七
	草	九九	六五	七九	一二
	不毛	一〇一	三	八一	五四
黏土質	榆	八七	二九	六四	八
	檜	五八	二九	四六	六
	草	九六	八八	六八	一
	不毛	一〇一	七七	七五	四七
腐質土	榆	八二	一〇	七四	二一
	檜	六九	二三	四五	一
	草	八〇	二四	二〇	一九
	不毛	八九	七二	八四	四七

由上二表觀之，可見不毛之土滲漉最多，而森林掩覆實足以大減滲漉之量也。

雨之歸途止於三，今森林之設，既不足以增蒸發滲漏之量，而反足以減損之，則雨之量非大半趨於逕流之途乎？豈非森林不足以減洪水之量而反足以增之乎？著者以爲樹木畜水容量甚富，故雨之不能損失於蒸發滲漏者，枝幹針葉皆欲蓄而有之；然使大雨如注，枝葉不足以盛之，吸挹之不暇，則舍逕流無途焉。洪水多發於久雨或暴雨之期，然則森林是否可以減少久雨或暴雨之逕流，則誠不敢特矣。惟尋常徐降之雨，大半由枝葉緣樹幹而達於地面，爲根土所吸收，不易逕流，又寒冬之際，樹林地面不至凍沍，不如林外凍沍地面易於流速也。

逕流之行於地面也，常刷刷地面上之土質，或山谷石礫，挾之入河，以成流水之荷重，沈澱下流，以至河道之紛亂。森林或足以掩護地面，以減少河流之荷重。然按之實際，森林掩護地面之功，遠不如草。惟於峻峭之坡面，則灌木叢樹較爲有功，然坡太陡，則樹根亦易爬裂崖土，增益風化之力，若更加以坡面傾注之急流，石裂崖崩，樹木亦傾，與礫石相雜，隨流而下，則更足以爲害河中，京漢鐵路恆歲爲大水沖斷，究其致禍之由，大抵皆山洪所帶樹木觸損路身，以至斷圮，則森林之於河道爲利害兼之，未可偏於一見也。森林之足以增加雨量，則誠有之。初有英人佈蘭佛於印度實驗之。該處六一〇〇〇方英里之地。森林已斬盡矣，一八七五年乃重加樹藝焉。據十四雨量站之報告，一八七五年至一八八五年十年間之雨量，較之一八六七至一八七五年未恢復森林時之雨量，蓋歲增一七三公厘焉。米德里希於德國之實驗，亦足以證之。罕腦勿省有三五〇〇公畝無林之田，於一八七七年乃植林焉，一八八二年該地雨量僅爲其隣地百分之九六・三，後林日增，至一八八七年，則其雨量超出隣地爲百分之一〇六・八焉。

佛特拉由各處察驗，推得闊葉林中之雨量，大於無林之地者，百分之四・二，針葉林中之雨量，大於無林之地者，百分之九・四。

森林區中所以能增雨量者，由其有低落天氣溫度之功，保持太空濕潤之效，故濕氣得易凝結爲雨也，但此種功效惟於山林之地易得，至低原則其效甚微。且需雨者乃農田也，吾見歐洲植林之處，農田甚稀，即有之亦雜林隙，所多得之雨，亦大半爲吸水最力之樹木所奪，田禾所得之益殊有幾耶？

要之，森林之於治河，之於防旱，容有其益，然勿視爲甚可恃，吾非反對森林，吾乃主張積極培置森林者。吾國工業，將日見發達，所需木材豈可常恃舶來品，吾國內地山谷之間，不適於農田之隙地甚多，不植林，焉用之。故爲國家生計計，非大植森林不可。森林足以治河，足以防旱等語，任人言之，以作森林之鼓吹可也；惟不應出諸水利專家之口。今也某地某河爲災，人民有其魚之危，詢之外客之爲我工程顧問者，曰：治本之法無他，培植森林而已；森林之效何時可收，曰待十餘年後。十餘年間之水災，則仍無術可救也。今也某地屢旱，人民轉徙溝壑，詢之外客爲我水利顧問者，曰：防旱之法無他，培植森林而已。森林之效又須於十年後收之。則十餘年間旱荒，仍無法可防也。

治河者當使洪水不爲災，在治導之得術，不當祈禱於森林也。防旱者宜盡心力以謀灌溉之普遍，亦不當祈禱於森林也。森林足以治河防旱，森林家言之可也，政治家言之可也，一般無水利責任者言之可也，水利專家言之恥也』。

第二節　李儀祉先生的溝洫主義

著者本是個業醫糊口的人，所以十餘年來厭棄本職，而從事於治河問題之探討，實在是受了李儀祉先生的『西北各省應行溝洫之制』一文的啓發與鼓舞。所以我是李先生的溝洫主義的信徒；但我對於李先生的方法，並不是完全贊同，所以我又是李先生的溝洫主義改良者。李先生對於平地的溝洫計劃，我並無異詞，李先生對於谷壑的溝洫計劃，我還要發揚光大，而且也是本書的重心所在；李先生對山坡的溝洫計劃，我認為困難甚多，恐難於成功，以下就討論這一點。

據李先生估計：「西北普通大雨量，一日一夜計是四十個公厘厚約一寸半。一畝面積六十方丈，共受水九百立方尺，開溝寬二尺深二尺長二十二丈五尺可以容納」云云。（陝西省水利概況，四八八頁）

按著者家鄉一般情形，因坡地歉收之故，一個農夫要耕種五十畝以上，才能贍養四五口的家庭。今按一個農夫耕種五十畝計算吧，共要挖成土方四百五十個（寬長各一丈，深一尺為一個土方）以一個人一日可挖成土方三個計，共需一百五十日。要容納一日一夜的雨量就要把一個農夫整整半年的工夫都用在挖溝洫上面，這事能行得通嗎？還有一層重大的原因，就是耕鬆的黃土坡地的山水要高出於世界任何河流的含泥量（實測過的涇洛等河其含泥量，有高至百分之五十以上的時候）。牠實在是在坡面上僅能流動的泥漿糊，今按水一半泥一半計吧，挖好的溝洫，只要收滿過兩次雨水，就被沉澱的淤泥完全填平了而得重挖。所以每一段田地裏的溝洫，差不多一年得重新挖一次，或者一年就得挖數次；並不是挖成之後可以保持若干年，倘若一個農夫一年內抽不出那麼多的日子以挖溝洫，可以分作數年來完成。李先生在他的「西北各省應勵行溝洫之制」一文內有謂：「要容納四千兆公方的水，用一千萬壯丁去做，每人每年勞動服務十五日，作土方五十公方，八年可以竣工，勞動日數加倍，則四年可以竣工」，這種說法他是把田地裏的山水裏邊，是含有大量泥土的這個事實忘記了。按上面這樣計算，還是一種純理想的說法，要是實際施行起來，自然與人事各方面，還是都有牽制，在在足以阻礙溝洫的普及。比如耕種的邱陵地，大體都已整治成不規則的階梯形了（如第一圖），而每一階層大概是些狹長的陡坡，並不是平地—而我們此刻所討論的對象就是坡地—在狹長的階形坡地上挖溝洫，你要是挖在坡之底邊，（如第一圖子處），因蓄水浸潤之故，田埂有傾圮崩塌之虞。挖在坡頂高處（如第一圖丑處）則又收集不進水去，著者家鄉所見情形，坡地裏的水窖，多係挖在坡頂（如第一圖寅處），以收集上一階層流下之水，但這裏邊就引出人事上的糾紛來了，在現在零碎分割耕種制度之下，上一階層屬甲，下一階層屬乙，乙在其自已田地的坡頂挖水窖以收集上一階層甲田內之水，倘甲也是個盡力於溝洫的人，治理的他田裏的水一點也不使走洩，那麼下一階層乙田坡頂之水窖，水無來源等於虛設。反之，倘甲是個對溝洫毫無不經意的人，把他田裏的水隨便放走了，事實上便是以鄰爲壑，下階層乙之水窖易被沖毀；且乙田之坡頂，就是甲田之脚根，乙在甲田之脚根部挖窖蓄水，當然有使甲之田畔受浸潤而傾圮崩坍之虞，雙方利害衝突自私嫉妒之人，甚有故意互相牽制破壞，遂使地鄰不睦，甚有起訴訟及械鬥等事者。所以在階形坡地裏挖窖—或溝洫以蓄水，挖在坡田之底邊，則有使自已的田畔受浸潤而崩坍之虞，挖在坡田之高頂，則有使上一階層之田畔受浸潤而傾圮崩坍之害，且有水源不能由已操縱之弊，故只好挖於中坡（如第一圖卯處），但中坡之水窖或溝洫，低於水窖地面之水，當然就收集不進去了；且凡一切坡地，都是坡度漸漸在增加着，蓋因凡坡地，愈近巔頂，冲蝕之機會愈少故也。今於冲蝕機會較少的坡頂或中坡挖窖以蓄水，那麼由窖裏頻頻挖出來的淤土聚積於窖之周圍，豈不是坡地裏坡度漸漸增加的自然趨勢，更加以人工的促進麼？當然，把由窖內挖出來的淤土平均撒佈於地面，這個毛病就沒有了。但是據專家的試驗，百分之二的斜坡地面—耕鬆的—在六個月內，降雨七二·四二英寸，每英畝損失土壤八萬一千四百二十二磅（美國 Spur tex 一九二六），這些土，在田裏不挖溝洫的時候，當然是隨水流走了，但在田地既挖溝洫以後，這都是溝洫裏的淤土，得每六個月一次的往出挖，而且倘要避免人工促進地面坡度增加之弊，挖出來之後，還得一擔一擔的送到遠處平均撒佈於地面。一個農夫耕種五十華畝，約合八個英畝計須這樣處理的淤土，六十五萬一千三百七十六磅，而且今日的邱陵地，其平均坡度決不止百分之二

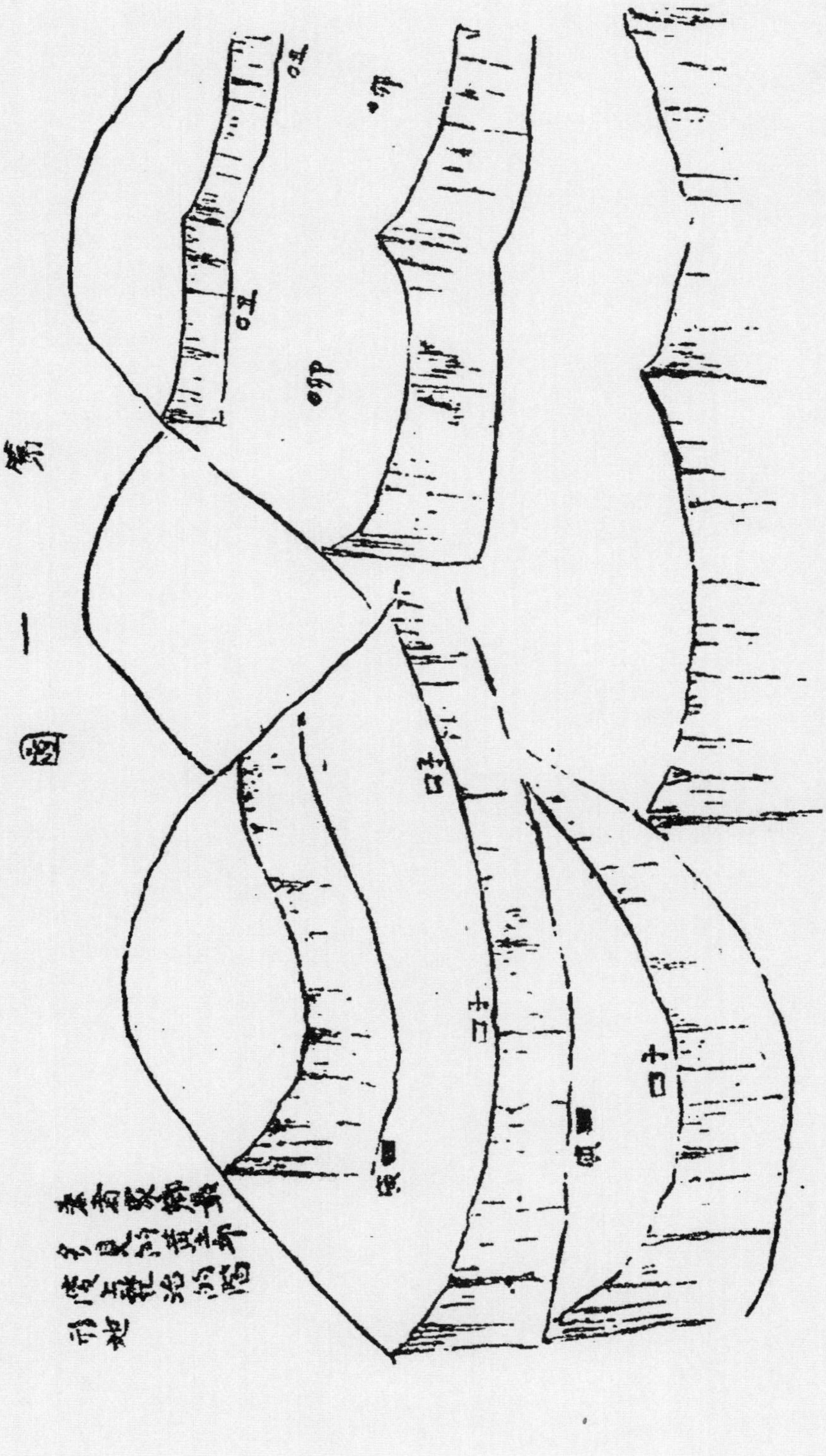
第一圖

，所應處理的淤土，恐不止此數，無論中國農民怎樣勤苦，奈時間不容許何？

要完成坡地的蓄水事功，除挖溝洫外，田畔的地埝（我們家鄉俗叫地埝用以截堵由田畔流走之水）也是少不了的，但因坡地天然的溝渠坑谷，人工的整治階屑，以及小農制度的分割等事，使地段極其零星散在，一個農夫所耕種的幾十畝田地，說不定分散在若干處，又分隔成多少塊，其邊緣合計起來說不定够好幾里長，實在也沒有工夫，每一個農夫在他們的每一塊田地的邊緣上都做起地埝來，就是有工夫的時候做個一段兩段，也因坡地的邊緣凸凸凹凹之故，地埝決不能平衡，高者等於虛設，低處就要溢水。李儀祉先生教導農民蓄水，有謂：「遇見山水一發，立刻扛上钁鋤，往田中去做攔水工作，不能顧惜衣服淋濕」等語，然此種辦法還是平地的事，坡地根本行不通。第一、坡嶺農民的田地不在高山，就在深溝，往地裏走多是坡路，大雨來了坡路上滑的不能行走；第二、一個人耕種的田地，有的在南山有的在北山極其分散，一個人只能去一處關照；第三、一處的田地也分爲數階屑，一階屑的地埝也很長而凸凸凹凹，一個人只能看守一點；且大雨之際在鬆軟泥滑的田畔上攔水，極易滑下崖去，尚有生命之虞。所以坡地裏的攔水工作，極端艱苦而功效是聊勝於無。

現在一般人對於坡地的經營法，多主張把坡地以人工修治成平整的階形地。李先生也頗屬意於此，茲講一段我的鄰居將坡地修治階形平地的故事，即可見到實現此種企圖之困難情形。

在我們那裏以人工積極的把坡地改造爲平地，除宅基的平整外，對一般的耕種田地，用那種做法，是極罕見的事，惟我的鄰居某甲因環境與個性的巧合，遂使他做出那麽一段稀罕的事來。他原有坡地五十餘畝，生性勤苦而略有點野心，每種過幾年地來，就不安分的想發點旺財。於是將田地托人耕種，自已則趕毛驢呀，擺小攤呀！甚至賭博等，總營些發快財的勾當。不知道是他的運氣不好，還是不善治事每經營一次發旺財的勾當，總是連本賠光，賣地開債之後，回頭來仍耕種自己的田地，且勞動的更加勤苦以補前愆。諺云：江山易改，本性難移，他一次一次的賠本，一次一次的賣地，趕到他四十歲的那年，五十多畝地賣的只剩二畝了。他生性勤苦，天生一身好氣力，又加以經營失敗之後耕田更加勤奮的那個怪脾氣，這個天湊地合的勞動英雄的用武之地，只有集中於此最後的二畝了。此二畝地，原是一個溝坡，坡度約在百分之二十以上，當中略有點兒分階層的痕跡。他把這塊坡地二分爲四，把每一階層坡頂的土，一土車一土車的運到田畔，黃壤也善於直立，雖是運來的鬆土，只用石杵一層一層的打築起來，就能造成直立的田畔。此種工作只能於未種之前及收割之後行之，故雖早出晚歸—有月亮的時候，晚上還要工作一個時候—三年之後，才把那二畝溝坡地修治成二畝階形平地了（但還有百分之二三的坡度並非成了絕對的平地）。但因地畔未經夯打之故，（四個人扛着打，石杵一個人提着打），每經久潦之後，那些運到地畔上的鬆土，就要整批的崩墜，迄今某甲死過十餘年了，他三年的辛苦成績，也被自然把十分之五六摧毀了。大概是原生黃土層上墊成的平面雖不免冲開些坑渠，然大體上仍可保持其平面，原來堅實的坡面上浮擱的鬆土，很快的一批一批的溜向溝中去了。

坡地造階形平地有下述二法：（一）速成法—即用上述某甲所用之方法完全用人力造成，只是原坡面上運來之鬆土，必須用夯一層一層的打築起來，稍有含糊，一經久雨，因鬆土吃水多而壓力重，且底面係堅滑坡面之故，極易整批的滑溜而走，因其如此費工，所以向來坡嶺只有極少數的宅基用此法平墊，萬難普及於一般的耕種田地。或者有人還要堅持此項意見的話，請核算一下，有百分之十的坡度的一畝田地，要把牠整治成平地，須削平而運送，而夯打的土方有多少？再實地看一下今日邱陵地的坡度，已成了什麼樣子，一個農夫須耕種多少田地才能養活四五口的家庭的這些情形以後，再堅持這個意見好了。（二）慢成法—以人工於田畔上修築地埝，將坡水冲來之泥土攔住，愈墊愈高漸達於平。但坡地邊緣上築埝攔水之困難已如前述。

總之，黃土是鬆脆的，水性是就下的，在黃土坡面上蓄水攔水是違犯自然趨勢，必然勞作艱辛而獲効徵少。溝洫制度之產生，原是爲了救治坡嶺之旱與平原之潦，這兩件事實是一個原因—即坡地洩水，故倘對於坡地之蓄水不成功，則溝洫制度，對於治河之効益幾希矣。

第三節　黃河各大支流建築大蓄水庫計劃

黃河中盛漲之水，起源於坡地，由坡地流入溝澗，由溝澗匯入小支流，由小支流合併爲大支流，故於各大支流上，擇谷口狹隘，岸石堅整之處築壩蓄水，實是簡要之良法，惟此法之致命打擊，就是各大支流含泥量甚多（據實測過的涇洛等河洪水期，含泥量有高至百分之五十以上的時候）致水庫有迅速淤廢之患。比如說水庫內所收集之山洪，含泥量爲百分之五十，則花上千百萬修好的一個水庫，收滿過兩次水，就被沉澱之淤泥完全塡平了。對於防止這一個毛病，據黃河水利委員會所發表的計劃，謂：『似宜於上游培植草木，以堅實土面，使不易受風雨水洗刷，並多挖溝洫，俾一部分雨量滲入溝內而減少入河洪水量，然後於各支流建設栅欄以截堵泥沙入水庫，如此則水庫可維持久遠也。（見陝西省水利概況四三五頁）

又據李儀祉先生與德國水利專家恩格思氏去函商榷謂：『計劃谷堰擬多留瀉水底洞，以排泄洪水，例如二十小時之洪水來，分爲二旬至三旬排洩之，每年於洪水將來之前，即將庫內放空，及洪水期過後，再將多數洞關閉，以蓄較清之水，其含泥量不過百分之一至五，以濟航運及農田之需，不知用此法可以解救水庫之淤廢否』（恩格思治導黃河試驗報告彙編二一八頁）。

著者的意見，對於上游坡嶺造林之効益，及坡地溝洫制度之困難上面都已述及。各支流建設栅欄以堵救泥沙侵入水庫一事，於第四章第三節已項有所說明，茲不另贅。至李儀祉與恩格思的商榷，適遇我買的書恩氏復函的那一段係缺頁，故不知恩氏如何解答，然據我的見解：二十四小時之洪水峯分爲二旬至三旬排瀉之，下游一時盛漲之勢，固可因以緩和，然河患之癥結所在，係河床逐漸淤高之故，由水庫底洞瀉出之泥沙，仍要沉積於下游河床，是河床逐漸淤高之患落無所減也。

第四節　費禮門的裁灣取直束水攻沙方策，與恩格思的固定中水位河床方策

費禮門的原計劃案著者未見，惟散見於各種文獻中可約略如下：黃河之所以難治，是因爲其含沙量太多，而下游平原河道之坡度不足，流力低弱，泥沙隨處沉澱，致河床逐漸增高之故。河道灣曲，可以減少坡度，所以他主張把灣灣曲曲的河道改爲直線以增加坡度。又凡流水深則冲刷之力强，淺則冲刷之力弱，以同等的水量，放在寬河槽裏必淺，放在窄河槽裏必深，但向來各地築堤防的人，都憫憫於堤窄不能容洪水，於是爭築寬堤以防漫溢，誰知道這樣却把河水冲刷泥沙的力量大大減弱了。於是他又主張洪水河槽上部之寬度，擬定爲三分之一哩，兩堤之距離約爲半哩弱。用以代替四哩至八哩之河面，據他估計這樣修治之後，不但將河水裏所挾的泥沙，都要帶到海裏而無中途沉淤之患，且今日的河底，還要漸漸刷深，足以容納洪水而無滿溢之患。

恩格思在他的「制馭黃河論」中說「竊按黃河之病，不在堤距之過寬，在缺乏固定之中水位河槽，故河流於內堤之間可任意屈曲，遷徙莫定害乃生焉，河流遷移無常即易荒廢。故抑轉力弱，沙粒淤積，河床墊高，或河灣屈曲愈銳，日近堤防，冲刷堤基，洪水一至而崩潰堪虞矣。治理之道，宜於內堤之間，固定中水位河槽之岸，河灣過曲，則裁之使直，河流分歧則塞支强幹。其利有二：一爲中水位河槽之「谿線」（或名谷道）可固定不移，一爲河流之力可刷深河床，不致展之於寬，而河床之墊高固可免

也，河灣亦不至近堤矣。」

費恩二氏，都是要以水攻沙，但所用之方法互異，究竟用何法可以達到目的，雖經大模型試驗尚無定論，且此二方策皆需款過鉅，以我國之財力，恐不易實現，茲引各專家之評論如下：

A 評論費氏方策者：

恩格思云：「按費氏之計劃果能實施，則黃河河床之墊高，與堤防之崩潰，必可避免，惟計劃宜如何實施，似宜審慎耳。按諸治河通例，中水位之流槽不可不固定，而流槽之形態恆為之字形，費氏之洪水槽其直如矢，殊不適於中水河槽，違犯天然，竊恐難以求功，且費氏改狹之新河床，寬度僅當現今八分之一至廿分之一，則新河床未經刷深之際，洪水面必致墊積漲高，其何以障之勿使汎濫。或以為築堤束水可以自孟津始，該處山坡夾流為天然夾流之段，新堤之上水面墊積，有山坡障護無外溢之虞。然新堤之建築段節相續；進行甚速，河床之刷深非朝夕之功，故孟津以下之新堤及丁壩之高度，均須超過此最高之墊積洪水面，而洪水之墊積，須計有數公尺之高，若為此暫時之洪水墊積，使堤身加高數公尺，則日後河床刷深，堤高遠超過尋常洪水位之需要。損失之資應為幾何？況築堤之時水面墊積，其下游未築堤防之處，水勢將益為猖狂，舊堤之抵抗力素弱，恐決口之發，較未治之前益頻矣。」（制馭黃河論）又恩氏發表其於一九三二年與貝那赫水功試驗所試驗之結果，謂寬堤河槽刷沙之深度，遠大於窄堤河槽云。

朱延平云：「美國水利專家費禮門先生之計劃，將河線定為直線束水刷沙，將河面限為若干尺寬，河底限為若干尺寬，坡岸以混凝土築蓋之，此種辦法，不但中國前此所無，即美國現在亦屬少有」。（水利五卷四期一二頁。）

B 評論恩氏方策者：

李儀祉云：「固定中水位河床，固爲治河之妙法，惟應用何法何料以固定之，頗費研究，蓋黃河除洪水外，多爲低水時期，中水位時甚短。中水位之護岸物若爲石料，則沿河六百餘華里，產石之地甚少所費不貲，如用梢薪，則底水面上易有腐爛，且難免不再爲河水所沖決，致前功盡棄。蓋黃河灘岸或爲淤或爲沙，俱輕細易爲水侵削，若當固定中水位河床洪水大溜或超出中水河床之外，而於灘上另闢一槽，亦非不可能之事。」（恩格思治導黃河試驗報告彙編附錄討論集。）

沈怡云：「就余感覺，事實上頗有許多困難之點，或謂此種問題即採用何種建築方法，以固定中水河槽之問題，應視當地所採之材料而後加以決定，此言誠是，但據本年四月七日李協先生致先生之信，我人已知沿河石料甚少，甚至良好之黏土亦不易得，觀於大多數之河堤，均用沙土築成即可證明，二年前及本年試驗中之河槽係一混凝土槽，其爲十分固定殊無待言，且因固定之故，一切結果均如我人之所預期，至於如何方能在中水河床，在實際同樣固定，有如此模型試驗中之混凝土槽，此則余甚願就教於先生者也。」仝上

朱延平云：「德國水利專家方修斯和恩格思兩先生之計劃，先築成與河流方向適合而稍帶灣曲之新堤，寬度約在五六百公尺，近堤之處植以叢木，以保護堤身，設計河槽橫斷面，只使其能容每年之普通大水，利用此每年大水以沖刷河底，並於新堤上設溢水段，使特別大水溢入新舊二堤之間。此種辦法暗合中國舊日所謂之縷堤遙堤，惟以經費關係，中國前此未能全河施行，其施行之處，如山東之上游，於大堤之內，又有臨河之民埝，特此兩岸之民埝，不合方恩兩氏之規定寬度，而於其上又無溢水段之設備，又方恩兩氏所謂之舊堤，亦應新築。蓋現在黃河之舊堤在長垣考城兩縣開口處，其寬已有三四十里，而猶不能容納黃河異漲之水，似乎還得移寬或加高，要是不然，將水由溢水段溢入新舊二堤之間，致使

潰堤漫口，而依舊淹沒沿河之人民，那算得什麼根本治理呢。」（水利五卷四期一二頁）

著者以自已對於河堤工事之無知，故引各專家之言論於此，可見費恩二氏之方策，不但困於我國財政不克實施，且實施後能否得到預期之效果，尚有疑問在。著者之見解：認爲河患可比如人體之瘡瘍，上游雨水土壤之走泄，可比如瘡腔內血肉之潰爛，下游之決口氾濫，可比之由瘡腔內溢流而出之排泄物，倘在下游治河，無論堤埽若何巧妙鞏固，收効怎樣美滿十足，終不過如治瘡瘍之醫師，對於血肉潰爛虧耗體質的瘡腔內不加治療，而只從事於溢出排泄物之處理，如此而謂之根治可乎？

第四章　黃河治本之唯一良法——山溝築壩淤田

第一節　概論

吾人之治河目的，從消極方面言是要除河患，從積極方面言是要興河利，故除患盡而興利溥者即謂之良法。我國治河數千年，自鯀之陻，禹之疏，賈讓三策，潘、靳治績，皆防患之不暇，遑問興利。近代國外專家如費禮門，恩格思等人所提供之各種方策，仍不外刷沙防汎等消極的防患工作，對積極的興利事業，亦未見有若何之擘劃也。抑有進者，黃河之患非偏於下游一地之汎濫，而上游冲蝕之患更烈，且爲患源之所在。黃河之利，亦非盡於航運灌溉二事，其搬運泥土造陸之功更偉，而治河者不思控制利用，只在下游從事於堤防疏濬等消極的防患措置，何古今聖哲睿智之見不及此乎？余嘗思之，實時代地理等背景使然也。夫河患爲山洪，河利亦爲山洪，山洪發源於山坡，而治理之緊要地點則在山溝。上古之世，人口尙稀，土地劣瘠之山坡山溝，人跡罕至，彼時下游居民之視上游坡嶺，幾同今日吾人之視南北極。迨後之治河者，對中游以上之幹流狀況，曩未加以注意，遑論支流山溝。近世學說昌明，治河者之眼光亦已放大，除注意中上游水文流道情況外，於幹流之兩旁由飛機上亦屢有視察，然我國俗諺謂走馬觀花，蓋猶嫌行之速視之暫，恐對花之形色失之模糊，由飛行而視察山坡山溝，其對山坡山溝所得之了解程度亦有限矣。故今日水利界，實已均知河患之病源在上游坡嶺，而實際上之治河工作仍置重於下游，於諸種治河方策中，非不知有水土保持之一法，然未被視為治河之中心工作，此由於對黃河之特殊性了解不足也。於水土保持上，則大肯階田也溝洫也，對築壩淤田則少有人提倡，此由於對山坡山溝之自然因素農耕狀況更加隔膜也。夫治河猶治病，不明病原固難以為治，然徒知病灶之所在尚未足為治也，更須明瞭菌毒之性質，細胞之活力，而所用之藥品，又須對菌毒有消防力，對細胞少副作用，而對貧困之家又須藥價大衆化，必備諸條件而後治効可收，故吾人選擇治河方策，目的上固求其除患盡而興利溥，而方法上又必順應乎自然狀況，經費上又必顧慮到國家之經濟條件。諸條件有一欠妥，治効難期，此著者所以對黃河治本，置重於水土保持法，而於諸水土保持法中，又特屬意於築壩淤田也。蓋集衆支流之水而成黃河，集衆溝澗之水而成支流，倘能於各溝澗中即將山洪設法處理，實正本清源之治河方法也。

在將要正式提出山溝築壩淤田這件事之前，一般讀者—尤其是生長於平原的讀者，對於黃土邱陵地的狀況最少也要有個抽象的理解，不然，他們對於這件事將如我們今日住在地球上而談火星上的人類行動一般，毫無實際的理解，自不會發生積極的興趣。著者提倡山溝築壩淤田已十餘年，有些生長於平地的人，對我的這個說法，雖不至說我是編纂封神演義西遊記由我信口雌黃，然多謂：那地方我們沒去過，那事情我們沒見過，所以對閣下之大計我們也無從置其可否。只這一個態度，便可關閉了他們的接受之門，堵塞了我的宣傳之口；還有一種人則說：我們也生長在山溝，但我們那裏輕易不至有山洪，遇有的時候，也都被農人分搶的攔入田中灌溉，且灌溉之後也不見得有大量泥土沉澱，似乎既無剩餘之山洪可瀦積於溝中，又乏泥土可資淤墊，你的淤田說法眞也有些莫明其妙。後經我考詢，他們那裏固然也有山有溝，但下雨時可能起水之處只是一部面積狹小的石山尖，自山顛山腰以至山脚均係一層一層的黃土階田，其平坦之度，雖在降雨之際不但本身不能有水溢流，而且還可再容擱入外來之山洪灌溉。於是我便曉以：使天下盡如君所生長之山溝，則世界上連河流也沒有了，還鬧什麼汎濫？今每逢大雨各河流均有盛漲之水，水中均含有大量之泥土，是表明各河流上游均有不同於君所生長之山溝甚多也。至生長於平地的人，諸君只要明瞭一切平原均係冲積地，此處有大量之泥土冲積，彼處必有大量之泥土損失，我們能見到平原土地供養繁庶人口的生產力之偉大，便可由此想到上游坡嶺土地生產力損失之嚴重，地力嚴重之損失，便是居民生活上慘痛之創傷，居民生活上之慘痛創傷，便是將來築墻淤田之强大潛在力。一件事有其正面，亦有其反面，倘能正確的由反面理解，實較不健全的正面觀察可免除偏狹蒙混之弊也。所以我也無法使生長於平地的人都到邱陵地去觀察，即使有去過的，也恐怕視的範圍狹窄，察的情況膚淺，對於問題的了解反生出一種滑稽來。宇宙萬物，無非一個理字，不必事事物物均經目睹後方能了解也。故天下之人苟研討眞理追求眞理，則雖毫無前例可循，天地可以改造，苟放棄理智不用而必自偈於目之所見，則一部二十四史可言其爲捏造，世界五大洲可以言其不存在。「理」是人類進化之途程的明燈，燃着牠便可燭照四方循之前進，熄滅牠則咫尺不辨，或要陷入黑暗的深淵。天下本無火車飛機也，然而物理上有此可能，製造者具此信心，火車飛機乃由此可以服役於人類。十八世紀以前，全世界本爲封建專制之黑暗世界也，然而人心均企求光明，革命者把握此心理而能有今日之民主文明世界實現。君子之對於世界也，豈待自私自利摈棄群衆福利方認爲係罪惡，即使安於故常，對極明之科學眞理亦不作積極之追求，即是對社會進化之消極，人群福利之淡視，良心上便負有莫大之深疚，此著者所以對淤田事業雖屢遭挫折，而猶曉曉不休，殷切期望社會人士由了解而接受也。現在淨言少敘，再轉入正題好了。

吾人分析河患之起因，係水性就下土質易冲的物理上必然現象。因於物理上的此種現象，地面上遂有沃壤荒谷滄海桑田的演變。以地質學的眼光觀之，上游的黃土邱陵，終必歸於淘汰，而下游的堤防疏濬等事，又顯得對抗自然力量渺小。惟証之人類進化史，吾人對自然界的力量，遏抑固無其術，而利用却大有可能也。河流本係移山填海的自然力量，但今日海岸線已遠了，牠似乎有些力不勝任，將所挾持之泥土沿途拋棄，於是有河患之事發生；且今日海岸之社會情形也變了，人們對牠填海變陸的功績並不怎麼重視，而對牠的淤塞港口工作，倒成了莫大的苦惱事。總之今日之下游無論在海在陸俱已不歡迎牠再運送的泥土去了。推另一方面上游原始的黃土高原，千萬年來牠已掘開無數的溝渠坑谷，毁壞了沃壤障礙了交通，這個填海已顯得無力，而且也已成爲無用，爲禍却無法控制的自然大力士—黃河，我們可把牠運送泥土的途程縮短，使牠移山填谷以補前愆，蓋下游平原的河流宜導不宜塞，而山溝裏的山洪，則塞之既易，且塞後可將荒谷淤爲田地，蓋地形迥乎不同，措置自宜有異，且坡嶺已有實例可證，（著者家鄉稱此種田地爲壩地）無庸試驗，更無容疑慮，惜以種種關係使良法美制未能發揚光大，僅具雛形而止，誠大憾事也。

自然界的一切力量，都是機械的而同時也都是偉大的，倘任其肆虐幾可以毁滅人類，倘能設法控制利用，又可爲人類開闢一個新天地，黃河上游地區，原是個風成的黃土高原，但經千萬年來之冲蝕，已成了滿眼坑谷溝渠密佈的邱陵地，高亢處坡陡難耕，低下處土質早已無存，愈冲蝕而愈坡陡，愈坡陡而愈冲蝕，上游冲蝕之患愈演愈烈，下游汎濫之害，益趨於頻繁而不可救治，上游坡嶺居民欲抱殘守缺亦不可能，下游平原居民欲苟安現狀亦苦於無法維持，而向來爲人所注意的山溝築壩淤田法，係我國爲害下游之山洪而將坡嶺之荒谷淤爲田地，倘能設法使其普及再於方法上加以改進，確可把殘破的邱陵地，整治的逐漸水田化。兇暴的河流，改造爲渠化的航道，詳情以下各節內將分別敘述茲先作一個大概的說明：

一、每一個山溝裏都實施築壩淤田，將兩嶺流下之山洪潴積於內，待幾日山洪裏的泥土沉澱後（黃土邱陵地的山洪含泥量在百分之五十以上）將上層的清水放走，荒溝廢谷便成了淤積田地。

二、以前農人只顧淤田不顧蓄水－其實也是規模偶促使然－他們把淤田沉澱過的清水就那樣放走了，所以淤成的田地雖然肥沃，但並不能灌溉。今後我們要淤田與蓄水兼施並顧，即將每一個溝澗的尾閭部，空出一節不淤田而蓄水，不但要收集淤田沉澱過的清水，而且要是溝中地層構造有可能的話，還要截留地下水，使牠成爲這一個溝的總水庫，庫內之水一面灌溉淤成之壩地，一面調節河中流量。這種水庫異於尋常水庫之點，就是容量小故易於築成，且收集的是淤田沉澱過的清水，故無淤廢之弊。

三、各山溝蓄水壩淤田壩完成之後，各大小河流即實現了渠化，今日旱則滴水沒有，潦則沖田禾淹村鎮的河流，都可以成了流量由人意操縱的航道。今日洪水期所侵的灘岸，都可放淤改造爲田地。

四、凡所有的山溝內都實施築壩淤田，由坡往低沖，溝底往高墊，今日坡嶺的交通將有澈底的改進。整個的黃土邱陵地由聽任自然淘汰的舊局勢而變爲由人工利用自然力量改造其惡劣地形的新氣象。

上面所述，是著者對於黃河治本的方法與期待，在自然因素及原則上，大概是沒有什麼謬誤的吧？茲再略一討論它成功的可能性。

山溝築壩攔洪，是以天下之人治天下之水的一種治水方法（實際上是要坡嶺的人擔當極大的任務），要以天下之人治天下之水，必須有水需治之處，大體上都有居民分佈以資治理，不然要是真正的荒山廢谷千里無人煙，而要派遣的人去那裏治理，那樣，它雖有成功的可能，却多着一層極大的困難了；又要使黄河上游坡嶺的人，擔當着治理黄河的極大任務，必須坡嶺當地之利益，即是以激勵他們自動治理，不然要是只因了憐憫下游的氾濫，或是迫於官廳的命令而治理，它是很少成功的希望的。所以黄河上游坡嶺必須居民相當普遍，與山溝築壩攔洪之利益足以激勵居民的積極經營，這是著者黄河治本方策成功的必備條件，換句話說，倘這兩個條件充實，就是本方策可以成功的保證。

上游坡嶺居民心理上存蓄着一股築壩淤田的强大潛在力，讀者已由反面的理解知道了，現在把這股力量再作一個正面的巡禮：據李儀祉先生在他所著的「溝洫」一文裏講述：『在北方耕種黄壤土地，由坡上無論多高，就高到海面上八千尺以上，雖然天氣寒冷，還是有成効的。』他又說：『假如將農業地圖合地質地圖互相比照，就可見農業展佈的面積，合黄壤是一致的，黄壤到什麼地方，人民也就住到什麼地方。』據著者所見的情形，大概是因黄壤適宜於種植之故，雖高亢坡陡的邱陵地也到處都有人耕種，但也非常歉收。故邱陵地也滿佈着居民，但生活確是非常艱苦。近年來一般的調查，北方黄土邱陵地人口密度，大約在每方公里五十人至一百人之間，按地土生產力而言，邱陵地的人口實已繁殖到飽和點了，馬爾塞斯的人口論，謂土地是有限的，而人口的繁殖，則是按幾何級數式的在增加，於是社會上有人口過多的問題發生。邱陵地因雨水冲刷破壞土壤之故，土地生產力是逐漸在減損，而人口的繁殖，却也是按照幾何級數式的在增加，這種盲目的人口繁殖，乃被殘酷的自然所解决，此種解决的方式，可分經常的與非常的兩種：經常的解决，就是因土地劣瘠之故，日常謀生艱難，一切享受低劣，而死亡率特高即所謂生的多死的快是也。非常的解决，就是若干年一次的大飢饉，著者的村庄，在光緒三年大飢饉以前，原有二百戸人家，經該次饑饉後，只剩三十餘戸，其餘一百六十餘戸大部餓斃少數逃亡；但現在全村人口又已達到一百六十餘戸，可見繁殖之迅速，然而土地的面積與生產力則均在逐漸減損中。

邱陵地人口已感嚴重的過剩，人口嚴重過剩，就是大批勞力無出路。故我國今日流行一種我國農業不宜機械化的謬論，冀圖緩和勞動力無出路的危機，其實在農業上極端浪費勞力的邱陵地（參閱第二章第二節），正存在着一種嚴重的人口過剩問題而遭自然的無情解決；且今日之世界實是一個產業競賽的世界，經濟戰，亦如兵刃戰，我不機械化決不能禁止人家機械化，接觸之下決無倖免之理，所以我國今日的農業命運，面前擺着生與死的兩條路，生的那條路自然需要我們努力爬上去，但死的那條路，不須我們自趨死地，只要立着不動自有死神來臨，這種情勢邱陵地尤其是如此。

黃河盛漲之水，及水中所挾持之大量泥土大部來自黃土區邱陵地，而黃土區邱陵地之人口問題如此，山溝築壩攔洪對於邱陵地之利益又如彼（參閱本章第二節），所以關於本方策成功的兩個條件—即黃河集水區人口分佈問題與山溝築壩攔洪的當地利益問題，或不免有少數的特殊與例外，須吾人設法補救，然在大體上說，本方策確是披着自然環境與現實社會迫切的要求。這是說了積極方面的條件了，至於消極方面，吾人築壩攔洪，要在山溝舉行，而山溝裏因地形銳窄土層喪失之故，住宅與田地都很稀少，故築起壩來，與既成利益之抵觸，也是極其輕微。

今日下游治河之二大難事：一爲泥沙源源而來無法處置，二爲治河成了純消費的事，毫無直接的生產經欵不易，而上游山溝裏攔洪治河，築壩愈普遍，淤田之面積愈廣闊，水中泥沙愈多淤田成功愈迅速，只要初期籌得些資本，以後便可以壩養壩，所以山溝築壩淤田確是黃河治本的唯一良策。

第二節　山溝築壩淤田的由來及現狀

世界上的一切生物，均具有一種適應環境的性能，不過低等動物只能作機械的反應，而高尚的人類，則發達爲有意識的行動了。黃土邱陵地，是一個被雨水冲蝕毀壞的世界，所以那裏的居民，也就適應那種環境，過着一種與蝕沖鬥爭的生活。此種鬥爭的具體方法，在坡地的田畔上有地塄，低窪處有水簸箕，導水有水道，蓄水有水窖等種種防禦沖蝕的工作，但黃土是疏鬆的，泡浸水分的黃土崖，更易促其傾圮；且山坡田地是異常歉收的，比如一個農人要贍養四五口的家庭，非耕種幾十畝田地不可，兼以地形地政的關係，這幾十畝田地，又不定要分成多少塊，以一個人的工夫，要在耕耘等正規工作外，更在每塊田地裏，做那些足够抵禦沖蝕的工作，那實在是勢有所不能。然而人類是高尚的動物，他們適應環境的方法，也是變化無窮，他們在山坡上防禦沖蝕的工作，受到地形不利與人工浪費的限制而難遂其目的，遂又在山溝裏利用地形利用山洪而發明出人工省而收效大的築壩淤田方法來。比如流域面積有五方公里的一道溝，在山坡上每塊山地做那種防禦沖蝕的工作，那些水道水窖(即李儀祉先生所說的溝洫)。等不打賬，只地塄——就是田畔的地埝——一項，就得修六百里長。(五方公里合七千華畝，山坡田地都作階梯形，每塊階田平均以五畝計算，則五方公里內共有一千五百塊階田，每塊階田的寬平均以五丈計算，則每塊階田之底邊爲一百二十步長，合一千五百塊階田其底邊共長爲十八萬步，計爲六百華里，這還是以假想說的，其實世界上那有這樣整齊的階田，實際上的階田，都是以自然地形稍加人工修成的。其邊緣濶突極不整齊，牠是曲線的而不是直線的。自然，這是按照易起坡水，黃患之源所在的陡峭的邱陵地情況而言，若那些山勢稍平，不起坡水的地方其情形自異於是，然那些地方既不是我們將來整治的目標，所以自然也不是我們此刻所談的對象，希讀者勿誤會。)還是收不到百分之百的功效(參看第三章第二節)，若在這五方公里流域的山溝裏(再大些也是如此)築壩淤田，就能把六百里長的地塄縮短爲百八十步的壩堰，只要你把壩堰築的結實高厚些，眞可以使得滴水不洩撒土不失，把原來荒廢的山溝，改造爲肥沃的平地，從前的山坡田地怕的是沖蝕怕的是傾圮，但是山溝築壩淤田的時候，又是希望的沖蝕傾圮，因爲冲蝕傾圮的快了，則荒溝變肥田也就來的快些。這個方法是誰發明的呢，這是無數的坡嶺農民，與自然長期鬥爭經驗的結晶，這是坡嶺人口日繁而地力反日趨減損，自然摧殘人類，而人類又用之以征服自然役使自然的一件法寶。

山溝築壩淤田，既然是那樣的好法子，那麼所有的山溝裏應該早已普遍的築壩淤田了，而事實上却是大大不然，這又是個什麼道理呢？因爲人類固有進化的優點，但也有自私的劣點，各個人內在的劣點，就演爲社會上的共同損失，本書序言裏已說過現在山溝裏的情形，一個小溝內可有數十主，一個大溝內說不定有數百數千主，地權不統一協調動作難實現，所以邱陵地隨處皆溝而壩地極少，偶一有之，亦不過三五畝十數畝的小塊而已。著者的村莊，是個築壩極發達的地方全村共有地二千多畝，現在共有淤成的壩地十餘塊而總約共有七八十畝，但這些壩地都已不能再行擴展了，因爲這些壩的能夠築成，原來就是很幸運的把溝中一小段合成一主—多是富農們積多年謀略不惜重價把溝中一小段購併過來，他們才能在這一小段內做起壩堰來，現在淤成的田地，都已經擴展到壩地之左右前後一部或全部接觸着別人的田地境界了，那些接觸着的地主們，就認爲自己的田地是奇貨可居，借口開河的索高價，甚有妒嫉成性之人寧可犧牲厚價，既不願出賣亦不願合作專以妨碍他人成功爲快事。這件事可比如修築鐵路公路，倘在自由討價之下購買地基，鐵路公路還有興修的希望嗎。這是說明了興修時的困難了，其實情形之糟糕還不止此，尚有因兄弟析產、相持不下，把一塊壩地分爲數塊，致將已成之壩地因而破壞者。總之，趨利是出於人性，但其趨極易演爲互爭，互爭甚而可流爲互排互毀。我們遍觀人類進化的事業，凡係個人操作的事，均有長足的進步、凡須團結共營的事，却都是吵吵鬧鬧古今差不了多少；最低也可以言人類道德的進化赶不上技術進化的需要。然而我們也不必過於悲觀，這件事—築壩淤田—決不像國際糾紛那樣難於解決。因爲國際間爲人類謀幸福的事，有根本見解不同的兩種方式，這件事竟無此弊，世界上有好些事，實在是利了你就不能利我，這件事是完全基於共利。國與國間都挾有武力，世界上找不到個和平裁判者，這件事一個地方政權就能作有效的政治處理，所以我們也不要對這件事過於悲觀畏難止步。

上面是把山溝築壩淤田的由來及社會關係說過了，現在應該把山溝築壩淤田的技術方式及種植狀況也說說：現在的山溝築壩淤田，因爲上述的那些障礙，大規模的是沒有，只有在極小溝的末梢部修築一點，在我們那裏的地層構成，溝之末梢部（即溝之起源處），尚在黃土層，即使露石亦只限於溝底之一部，兩壁還是黃土或紅膠土，所以修築壩堰多是用黃土，石質的未見過，築堰時在原則上當然是選溝之最狹處，但事實上却受到限制了，因爲所有的壩地原來就是溝之末梢部很小的一段（多係數十步長），你要往前進，則伸入了他人的境界，往後退又超越過自己的境界，所以這一層是極受限制而不容選擇的。壩址既定後，先將地面上的浮土挖出然後用夯一層一層的打築起來，堰的外面由底至頂是直立的，堰之內面（即着水之面）是逐漸收縮，底寬頂窄而作坡形（如第一圖），堰須多少厚呢，這要視集水區的面積廣狹而定，堰須多少高呢，也要視集水區的暴雨量而定，這些事老農們由經驗有一種適合的決定；且用夯打起來的堰是很堅實的，有時候也難免出於意料之外，山洪過多衝過堰頂，但也不過冲刷很薄的一層，連根基整個衝去是很少見的。由黃土坡地流來的山洪，含泥量是很大的，待幾月泥土沉澱後，將上層的清水放走，底面就完全成了淤泥。堰內已被山洪挾持的泥土填平時，則繼續加堰，多半是一年加一次，但遇着山洪過多的年頭，也有一年加幾次的。至於壩地內的種植情形，李儀祉先生謂：「土地滋潤經營菜園最宜」，然這是不可一概而論的，假如是已經停淤了的壩地，則因肥沃之故，不止菜園而是百穀咸宜的。要是還在繼續加淤的壩地，經營菜園是極不相宜的。因在繼續加淤的時候，壩地裏說不定一年就要

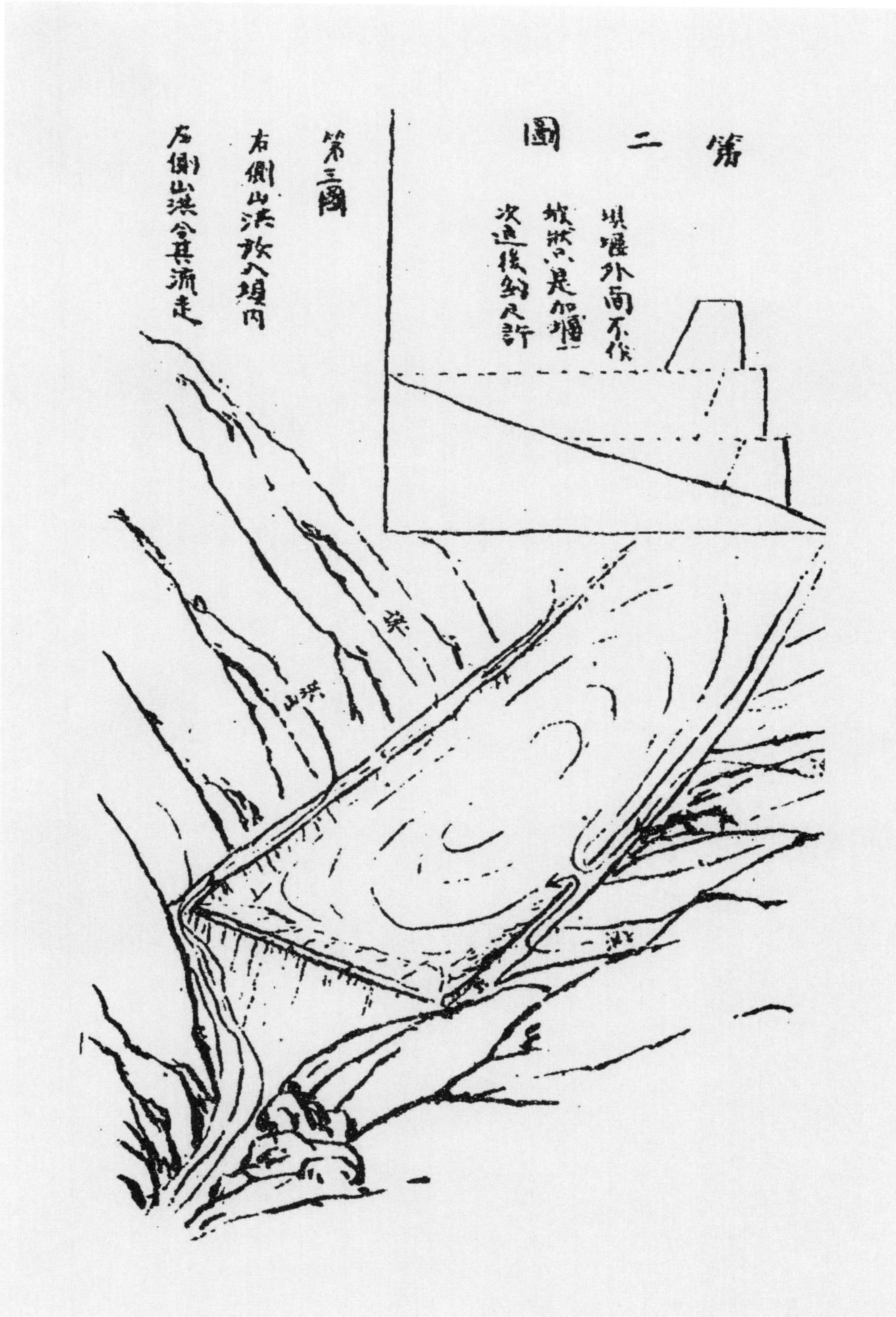
第二圖
壩堰外面不作
坡狀只是加增
次道後約尺許
第三圖
右側山洪放入壩內
左側山洪令其流走
山洪

增加幾尺厚的沉澱土層，在棗樹小的時候，一年過來，就可以連樹頂埋沒在沉澱的淤土中，就是棗樹大了的時候，壽命短促的棗樹也要活十幾年，趕到十幾年淤墊過來，把棗樹的枝幹可以完全埋沒在土中。總之壩地是一年一年的因沉澱淤土而增高的，棗樹之根部都是永久不動的，豈有不被淤土淤沒之理。在著者家鄉所見的情形，是已經停淤了的壩地，眞是百穀咸宜無物不種，要是還在年年繼續加淤中的壩地，多是種植小麥，因爲小麥深秋下種，初夏卽行收割，暴雨季節正是壩地裏空白的時候，壩地之淤高壩堰之加修，天工人事於禾苗一無所損；但也有暮春初夏卽降暴雨的時候，不過第一這一種年頭很少，第二壩地裏還有一種防禦山洪的設施。

在一般沒有實地見識的人，一定要以爲在繼續加淤中的壩地裏種植小麥，固然深秋下種初夏卽行收割，但在已經淤成的壩地裏種植其他穀類，暴雨時候低矮脆弱的禾本植物，豈有不被山洪沖折淹沒的道理？且在壩地繼續加淤的時候，固然把山洪瀦積於壩內，但是倘若停止了加淤，而山坡上的山洪仍是要流來的（因爲現在所說的停淤，是因了人事上的障礙而停淤，並不是達到溝滿山平已經無山洪可以收集的境地而停淤的）。那麼豈但壩地裏種植的穀類要被沖折淹沒，就是已經淤成的壩地，也不是仍要被山洪沖毀淘走麼？這種顧慮完全是對的，因爲事實上確實是如此，所以築壩淤田的人，又想出一種控制山洪入壩的方法來。這種方法，就是於壩地之兩側挖開縱走的水道，假如壩地內不需要山洪的時候，就把兩側山坡上流來的山洪放入縱走的水道內，使牠不入壩內順着水道流走了。如果需要一半，則一側的令牠流走，另一側的把牠放入壩地內（如第三圖）總之這是可以由人意調節的，想把山洪之全部放入壩內也可，想收入一部也可，完全不要也可，前面所說種植小麥避山洪云云，是恐怕就誤了淤田，並不是沒辦法只好如此。李儀祉先生是輓近我國水利界的權威者，他曾身任黃河水利委員會委員長，對黃河的治本問題，他很想在中上游尋求一個解決的方法，然他所擬的山坡溝洫制度，是那樣的不切於實際（參閱第三章第二節），在他心目中的山溝築壩淤田，又謂：「經營築壩最宜」，可見他對實際上的山坡山溝隔膜之深了。著者所述之山溝狀況，是自己目之所見的報道；所擬之築壩淤田方法，是本於所見狀況而作的建議，國內水利界欲以本書的報道，作爲上游的全貌，或不免有以偏概全之弊，然以本書的建議付諸實施，必有適切的場所存在，讀者保持着這一個態度，庶可不受本書的約束，亦可毋負於著者的愚忱了。

第三節　我所計劃改進的山溝築壩淤田法

甲、先去政治上的桎梏

山溝築壩淤田，是改造山溝瘠薄田地的唯一良法，是改善邱陵地居民艱苦生活的不二法門。邱陵地的山溝裏處處皆宜，邱陵地的居民們人人想做，然而我們一考實地情形，却是地形宜淤田而一任山洪破壞原田，人心想築壩而却表演爲互相牽制築壩。這個阻礙良法普施，摧殘人心逆行的大惡魔，便是零碎分割的耕種制度。所以我們要想得邱陵地，地與其應興之築壩淤田大利益，人做其能做之征服自然大事業，則首先應把零碎分割耕種的制度取消了。我們用什麼方法取消此種制度呢？我以純水利家的態度，以不忤逆當時當地國家所行的地政爲原則，於民國二十八年組織農業生產合作社時，曾擬定如下的方法：

一、總則——本社專營山溝築壩淤田事業，但現在的山溝地權極其分散，耕作行動各自爲政，以致此種事業無法舉辦，茲以地權處置不悖國家行政爲原則，而耕作行動却要使它成爲一個統一的機構爲目標進行一切事宜。

二、股本——本社股本分爲三種：

甲、田股—各地主之田地，（但只限於築塌用得着的田地）由評價委員會依地力之肥瘠，按當地時價估定公平之價格，地主等即以地價作股以每十元作一股，每一元作一厘，此等地價只許作股，不得向社內索現金。但股票得由所有者自由買賣。

乙、財股—修築塌堰所需之資本，以各地主按其田股之多寡分担爲原則，但地主中有無力，或不願担任此種資本時，則任何人可以投資，亦以每十元作一股每一元作一厘，此種股本一經投入，即與田股同享有永久之權利，地主等不得隨意辭退，但股票亦得由所有者自由買賣。

丙、力股—即以本社職員所積之工資作股（但須出於自願），其不同於財股之點，即以月薪二十元以上者股金實收九成，十元以上者股金實收八成，十元以下者股金實收七成，但此種優待辦法，只限於由社內所得之薪金部分。

三、組織—組織方面之大概情形如下：

- 全體股員大會
  - 監察委員會
  - 執行委員會
    - 總務股
    - 工務股

上面所說，便是我於民國二十八年組織農業生產合作社時，用以消滅零碎分割耕種制度的具體方法，但那時我是以平民召集合作社，非徵得地主的同意不可，但有些地主甚是固執，確也費了許多說辭用盡一切周折，纔算是勉强同意了。假若我們想要把這種事業很快的使它發展起來，用上述的那種辦法是萬萬不行的，因爲世界上眞有拔一毛而利天下不爲的人，不卜就是不拔一毛，就能於己於人有莫大的利益，可是那種事業的進行，要破壞他的傳統的習性，他就要反對，對於那些人的那種固執，你也要尊重他爲神聖不可侵犯時，天下眞沒有可爲之事了，因爲我們的築壩淤田事業，一道溝內有一千個地主，九百九十九個都願意了，只要有一個不願意，也就可以阻撓整個事業無法舉辦。所以倘若以政府的力量督辦此種事業時，可有如下的措置：

一、限令各山溝內一律築壩淤田。

二、地主等無力舉辦時，不得拒絕他人投資舉辦，所有各地主之田地，依公平時價作股（但只限於築壩必須之田地）。

三、一切已失耕種能力之荒坡廢溝概不作價。

四、地主等既不舉辦，亦無投資承乏之山溝，贊成地方政府設法誘導。誘導之方法，一是貶低地價，使投資者有利，二是由公家銀行低息貸金。

五、山溝築壩淤田，是認它爲一種土地營利事業，公家獎勵之程度，亦只限於低息貸款或無息貸款，倘必須公家津貼方能舉辦時，則是該地已無築壩淤田之效用，對該種地方山洪之處理，另有專文討論（詳另一個補救辦法）

乙、技術上再加以改進

這所說的技術上的改進，嚴格的說，是屬於「技略」（此名詞由我杜撰，是根據於軍事學上戰略與戰術二義之不同而仿造的）上的改進，而不是技術上的改進，什麽是技略上的改進呢？比方說：一、從前築壩所淤成的田地，雖然比較山地濕潤，然而還是不能灌溉，現在是要把牠造成能灌溉的水田；二、從前築壩雖然說因爲地勢局促的關係都是小塊，但也有本來可以把幾塊併爲一塊的，然因人民無遠大的企圖，老是任它幾塊分隔着成了山溝裏的階田，現在我們要盡可能的把許多小塊合併成一大塊，消極方面說可以節省不必要的壩堰的耗費，積極方面說，是要創造大規模的灌溉網，與奠定機械耕作的基礎，而且還要注意於交通改良；三、從前築壩，是除淤田而外並不計及其他的，我們現在還要兼顧到下游河道的情形，這就是所謂技器上的改進。至於技術上的改進是如何呢？比如說從前修築壩堰是用人力搬運土壤修築，將來或者可以用機械的力量搬運，而所用的材料說不定改爲鋼筋水泥，但這些現在是不談的，所以玆所說的技術上的改進，嚴格的說，是屬於「技略」的，而不是屬於技術的。

A 初步的辦法

在一道溝內開始築壩的時候，可視溝內坡度之大小以決定所築堰數之多寡，大概是溝之坡度愈大，則應築之堰數亦愈多。這個道理，是因爲我們的主要目的是在於山溝淤田，截留山洪以防河患還是副目的。因此倘若溝之坡度甚大而只築一堰，則所有山洪全集於溝之最低處尾閭部一點，遠不若溝內節節築壩，使山洪得以均勻的分佈於全溝廣大面積，可期早日有多量之淤成壩地出現也（如第四圖）。至於修築壩堰所需之材料，土、石材薪等物均可，總以何物便當便使用何物爲宜，壩堰之高低寬窄，當然視集水區面積廣狹而定。惟向來山溝所築之壩堰，裏面作坦坡，外面則爲直立，今後應裏外俱築爲坦坡以期穩固。築之之方法，因所用之材料而異，且有些地方的農人，都有很久的經驗，玆從略。

再應注意之事，就是從前築壩，是只顧淤田，不顧蓄水，流入壩內之山洪，待泥土沉澱後，就把清水放走了，所以淤成之壩地，雖比較山坡地溼潤些，然而終是旱田並不能灌溉，現在我們並不以淤成旱田爲滿足，而是要使得淤成的壩地，還能够灌溉，所以就要進一步的研究一種蓄水的方法了。蓄水方法的第一種，就是在塌地內圈井，井壁當然要用磚或石砌成，而井緣之高，經常要令牠稍稍高過塌堰之頂（如第五圖），以防未經沉澱之山洪流入井內致生淤澱，蓋雖然留井，是預備有地下水及塌內沉澱過的山洪成了清水之後，然後纔把牠放入的，並不是山洪一來不經沉澱，就把牠夾泥帶水就放進去的。只在塌內留井，還是盡不了蓄水的最大効用（然而我們所以要留牠的原故，是顧慮到附近住戶的飲用，因爲下面所說的水庫，是要設在溝之尾閭部，有些住戶距離相當遠汲取不便）。第一，因爲井壁周圍要用石砌，因經濟關係容積不能很大，放不下所有的全水量。第二、不論地面水地下水其性都是就下的，而所有的山溝都是愈近尾閭愈低下，塌內的那些地下水旣可以由周圍滲入井內，當然也可以由井內向周圍滲出，未及使用便順着地下坡面溜走了，豈不是很不愜意的一件事麽。還有一層我們蓄水的用意，還不是只顧灌溉，而且還要兼顧到調節河裏的流量；而且所謂調節河裏流量，也不是只要把河流裏洪水氾濫之害免除了便算了事，而實是要做到河流裏的流量可由人意操縱其漲落的程度，因爲不能由人意操縱流量漲落的河流就不能算是渠化。我們爲了發展灌溉事業與達到河流渠化的目的，所以要在各溝的尾閭部，都建築一個總蓄水庫。這個水庫，一面要貯蓄淤田沉澱過的清水，一面要截留溝中地下水。建築的時候，先把基址上浮擱的石渣泥沙等物盡可能的挖淸以達於總石盤，如該處地層構造不易挖達石底時，最低限度也要使水庫基底上有一處低於河床二三尺，以使將來庫水與河水，得以互相調劑（如第六圖），而不至成了只有庫水可以放入河裏的一面調劑現象。這是爲將來灌溉打算，要是庫內無水的時候，可以把河流裏的水隨意放進庫內，以供將來灌溉塌地之用。水庫的後壁，自然就是淤田塌的外壁，水庫的側壁，就是溝口兩側的自然山脚。倘那山脚是石質時，那便很省事了，倘是土壁而且相當直立時，可幫做一層磚或石的保護物以防久受庫水浸潤之故而崩坍，但倘要是經費困難時，不做磚石的保護物也未嘗不可，

第四圖

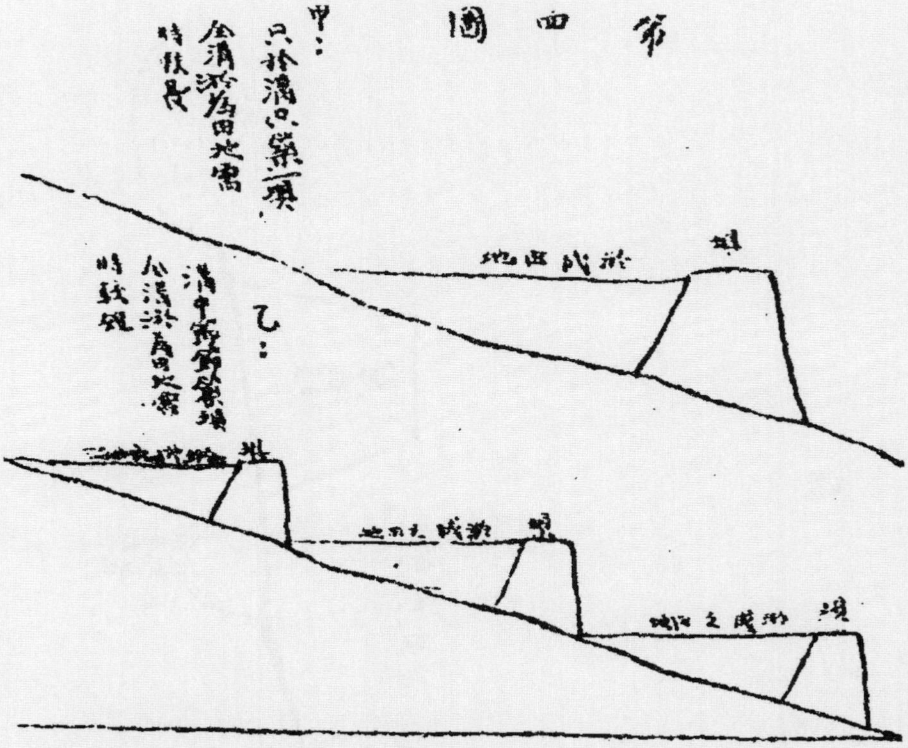

第五圖

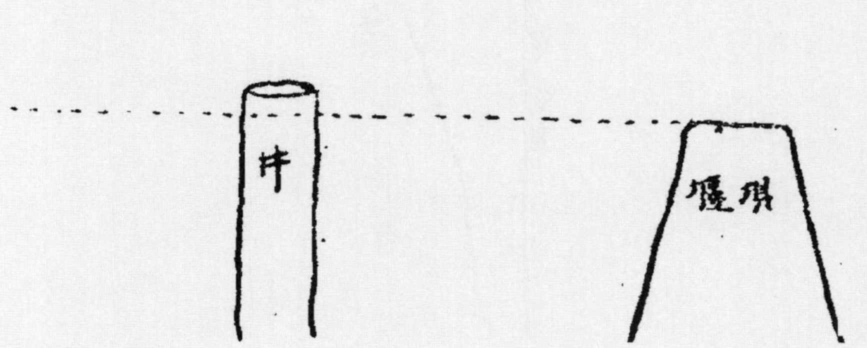

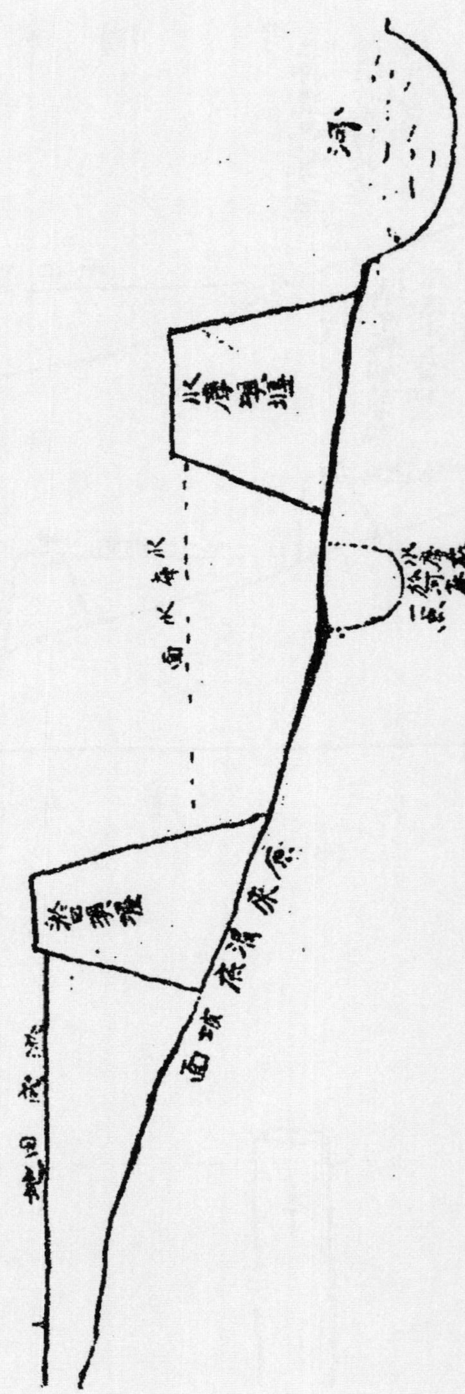

第六圖

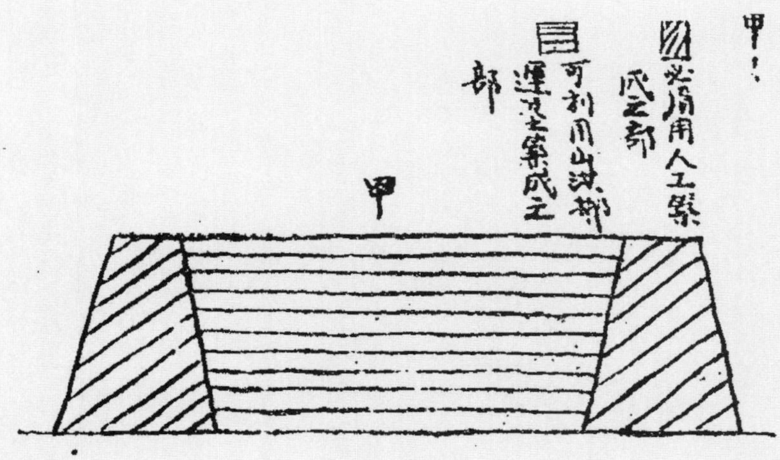
甲：
必須用人工築成之部
甲

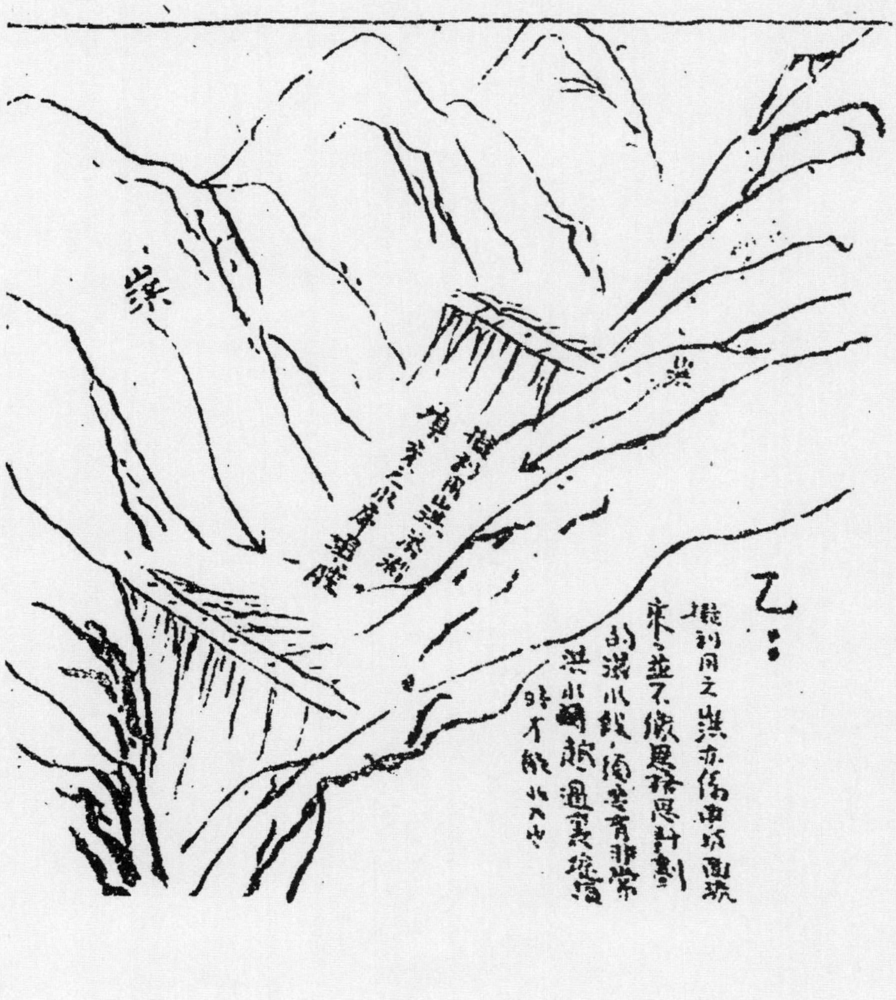
溪
溪
乙：

即是任其土壁自然崩坍，待坍崩到有充足的坡度時，崩坍之事便自然而然的停止住了，因為既是很厚的山脚，自無因崩坍而庫水潰決之事發生，且庫水是靜止不流的，崩坍下來的泥土也冲走不了而淤積於庫邊，所以就能自然造成適合需要的坡度而停止其崩坍。水庫的前壁那是必須新行建造，所用的材料有磚石時自以磚石為上，倘磚石格外缺乏土也未嘗不可，惟用土做的水庫壩堰，自然要比淤田壩堰寬厚的多，然亦可利用山洪搬運泥土的自然力量築成隨意寬厚決無潰決之虞的土壩堰，並不是完全要用人力的（如第七圖）。擇適當處留一個可以自由起閉的通河涵洞，除此涵洞外，別的地方務要使牠不能漏水，欲達到此目的，可在壩牆心夾一層紅膠泥與石灰的混合物便行，若無紅膠泥處，石灰與黃土混合起來也可，但功効比較稍遜些。

我們的這種事業，是一種投資營利事業，在坡嶺貧苦的農村募集的一點可憐的資本，還要希望牠速速生利，所以對於建築水庫也不得不作這種因陋就簡的想頭，鐵筋水泥的現代建築，只有那些經濟上有特殊辦法的少數地方可做到一點，大多數的地方都是要用這種省錢的土法建造的。但雖這種土法建造的水庫，我對它的成功是有高度的信心的，這也並不單是我主觀上的希望，在客觀上實有易於成功的條件在：第一它集水區面積非常狹小，一個溝㵎內的山洪，先流至壩地內，待泥土沉澱後成了清水，這個沉澱期間也得三五日，這三五日工夫，在面積寬大的壩地內蒸發滲漏先減些水量，還是要儘先往壩內各非裏放，非裏盛不下的餘水，才把牠放進水庫裏，所以雖名之為水庫，但所蓄之水，却並不多。還有不同一般水庫之點，就是山洪之來，並不是一來就直奔水庫，而是要先行淤用。那麼放進水庫的水，便成了緩緩的清流，因此，容量小，且不受猛力的衝擊，又不患泥沙的淤澱，且可利用山洪搬運泥土的自然力量，造成任意寬厚的水庫壩堰，這就是我信牠可以成功的充分理由。

本辦法無須模型試驗及詳密勘察的必要，且用土法土料卽可從事，所以只要政府銳意執行，這個初步計劃三五年內卽有完全實現的可能。實現之後，只要發過一兩次山洪，山溝內就有淤成之壩地出現可以耕種，蓋雖係土層冲蝕盡淨的石溝，只要淤墊的鋪上五寸厚的一層土，禾本植物便可種植也；惟在初期因溝底狹窄淤土淺薄之故，對於山洪之來，不能有如本章第二節所說在淤成壩地之左右兩側設置控制山洪的縱行水道，故在起初淤成之土層淺薄而積狹窄的壩地內，只好種植小麥，蓋在生長期內不發足以衝折禾苗的山洪。所以這個初步計劃完成後淤田之利實尙微少，大概在最初三年內，淤成壩地內所種田禾之收穫，足敷修築壩堰之開支就算是好的，所以這種事業必須有資本，惟壩地是一年比一年廣闊—因爲凡山溝都是溝底銳窄愈上愈開擴—而修築壩堰之工程，反是一年比一年簡易，因爲同一的水量，放在坡陡而狹窄的元始自然溝裏，水量深而衝力猛，堰須高厚，放在平坦寬闊的壩地內，則水量淺而衝力弱，堰較單薄低矮些就行。所以淤田之利益是一年比一年增進，關於這一層以後還要詳加說明，現在把初步計劃完成後馬上卽可實現的另一種大利益，作一個大概的敘述：

各山溝淤田壩瀦水壩完成之後，山洪裏所挾持的泥土，沉澱於淤田壩之內變成了田地。淤田沉澱過的淸水，存瀦於瀦水庫之內，而瀦水庫的通河涵洞，是由人司其啓閉的，所以從此河床逐漸淤高及流量突漲之弊，是根本不會發生的了。今日各河流洪水則所漫溢之灘岸，均可放淤改造爲田地。將來黃河係各河流流量的決定，是本於下述的法則：黃河總局斟酌情況，決定於若干期間內向某支流索水若干，某支流承受黃河總局的此項命令後，亦斟酌情況決定於其所屬之全水庫或若干水庫，於若干期間內放出若干水量，將來的黃河及其大小支流，都可成了由人意決定流量漲落的渠化狀態，達到此種境地後，不論他是大小河流或水庫，都可以通舟，但舟之大小當然不等；對於水庫之用水注意勿使其乾涸，則各水庫內均可繁殖水產動植物。各河流內無泥濁及流量突變之事故亦可繁殖魚類。上面所說就是著者理想中的治河目的，這個目的三五年內就有實現的可能。

B進一步的辦法

在最初開始築壩的時候，我們爲了早日有大量的淤成壩地耕種，遂在那些坡度大的山溝裏築起許多壩堰，淤成高低不一的許多壩地，我們渡過了開草昧創業維艱的階段後，從此便踏上了坦途佳境，進而謀業務上的改善，要把初步淤成的小塊階形壩地、把階級泯滅了，使他們合成一塊，以利灌溉，利耕種，且減少許多非必須的壩堰之浪費。我們用什麼方法以達到此目的呢？就是對於高處的各級壩地不加堰不增淤，使停止其增高。把全溝的山洪，悉流注於最低的那一級壩內，如此一級一級的遞次減少壩堰合併壩田，總以一個溝內的許多堰，只留溝之尾閭部的最末一堰（即水庫的後壁），各塊高低不一的許多壩地，合併爲無階級的一整片爲目標（如第八圖）。這裏所說的一個溝，是上起其流域之分水線，下迄達河之尾閭部，所以雖說是一道溝，當然也是有分岐的，所說的河也並不是專指黃河，凡不準備淤爲田地的各支河都是，舉個具體的例子，如我們臨縣的湫河，就是不準備淤爲田地的河，所以臨縣湫川各溝壩地的永久堰，都在湫河兩側的各溝口，每一個溝內的其他壩堰，遲早都要裁併——但水庫壩堰當然要保留——每一個溝內的各塊壩地，終久都要合併成一整片。至於臨縣的湫河爲什麼不準備淤於田地，以及其他各地繁多的大小各支流，何者準備淤爲田地，何者不準備淤爲田地，以什麼爲原則呢？這是要權衡既成利益與未來利益之間，孰輕孰重而定取舍的。（本節已項『與河北河流治本計劃的比較』就是討論這個問題。）

這個第二步計劃完成之後，壩地內便可開始機械耕作，至於山洪損害壩地內田禾之事在本期內很不容易發生。第一、壩地淤得土層深厚面積寬闊之後，兩側控制山洪的縱行水道可以設置；第二、壩地開擴後，可以分散水勢而減少水深，溝面平坦可以減低流速緩和衝激。比如說在五尺寬的窄溝內有二尺深的山洪，但到了十丈寬的壩地內水深就成了一寸了。又二尺深的溝淵湍流，其力足以裂土撥石，但在平坦的壩地內—淤成的壩地地面概作水平—衝激力就大大緩和了，漫說因壩地開擴之故水深只成了一寸，就是再加十倍的水量成爲一尺，而平地裏一尺深的水連禾苗也不至於衝折，所以築壩淤田這件事，是愈往後而利愈大而害愈微。　又到了這個時候，山溝裏的交通，也有顯著的改進，蓋壩地淤高即是溝之深度減淺，此山與彼山橫的交通，可以漸減其起伏之度。天然溝淵爲邱陵地縱行的交通孔道，然狹隘突兀，在那裏行走實在如同探險，經初步淤田之後就能造成一級一級的開擴平路，經第二步各級壩地合併後，全溝就成了無階級而更開擴的平坦大道，惟由河川入溝處，須爬一段人造坡路，蓋因各溝口都有修築的壩堰故也，且壩地內放入山洪之後，溝中縱的交通，也須停止幾日，暫由山頂及山腰之路行走，這都是免不了的現象。

C第三步的辦法

第三步的辦法，是各溝壩地的連絡貫通，蓋按上面所說第二步的辦法，雖把一個溝內的壩地合成一片，但是這一個溝的壩地和另一個溝的壩地仍是隔絕的，但這個隔絕物—溝與溝的分水嶺，並不是處處都是高厚的山脈，有些地方是很薄很低的土股，甚至已經成了陷下的缺口—黃土邱陵地尤其是如此—這些陷下的缺口，因各溝壩地逐漸淤墊增高之故，說不定到某一個時期，便自然彼此貫通了，但一般的情形，分水線上的缺口雖然陷的很低，但距溝底之壩地面，究竟尚有相當距離，因爲壩地之淤高，是緩慢的，不是像說話般的容易，所以多數的場合，我們是待不到牠們的自然連絡貫通，而要選擇各溝之分水線上最低最薄處鑿開涵洞，以人工使各溝壩地連絡貫通的。由甲溝通乙溝，由乙溝通丙溝（如第九圖），

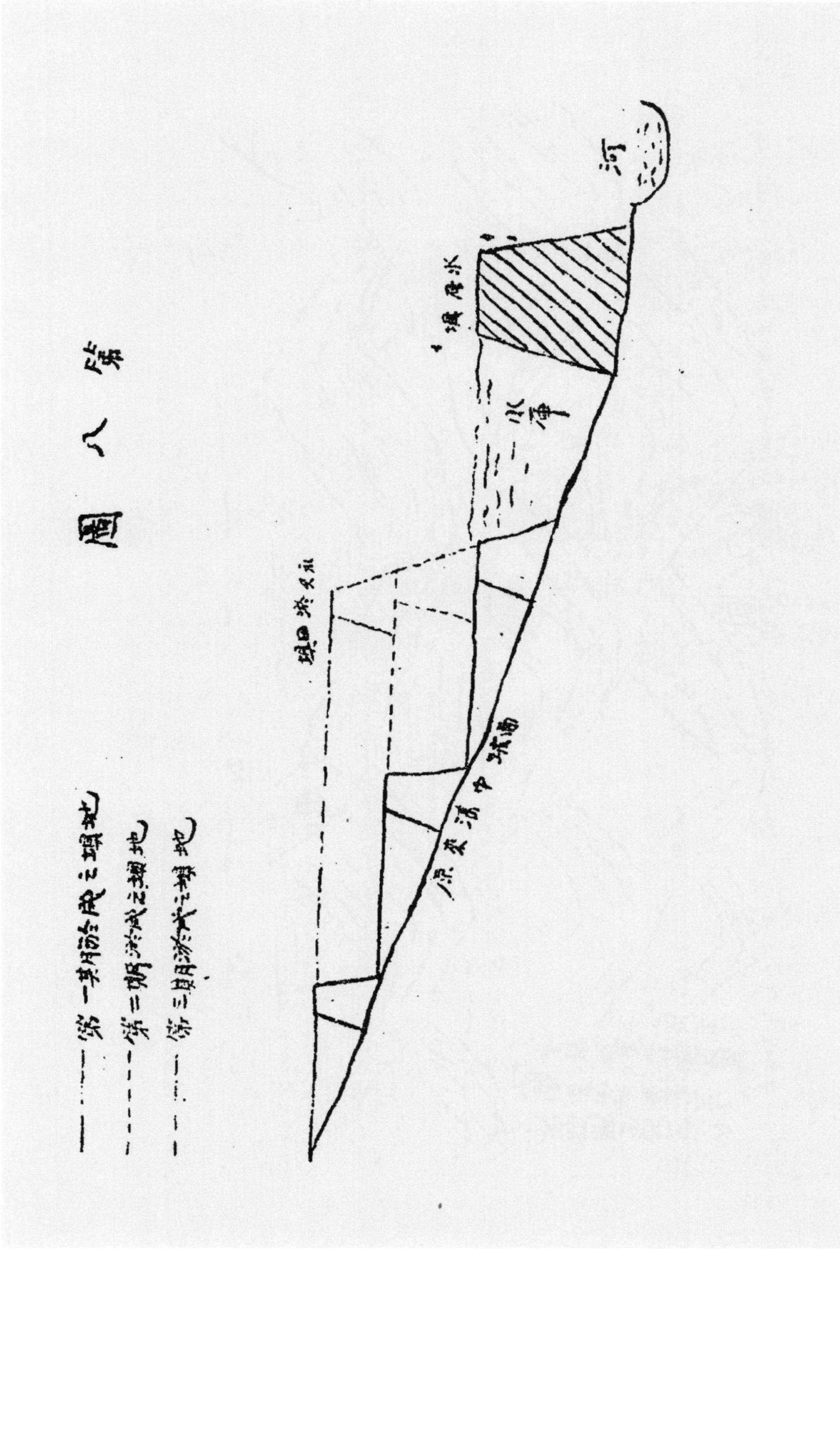
第八圖
第一期淤成之塌地
第二期淤成之塌地
第三期淤成之塌地
水庫
河

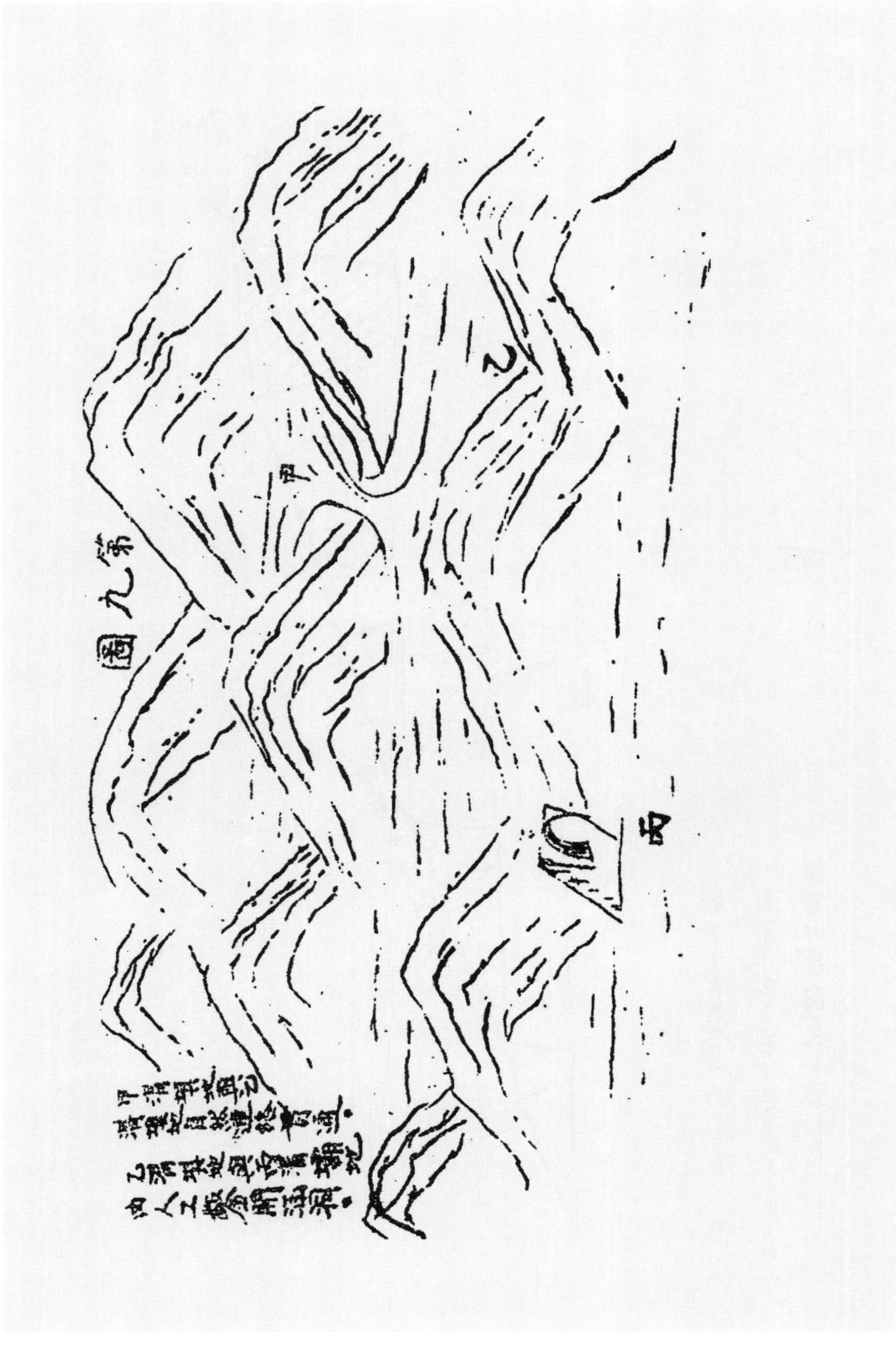
第九圖
甲
乙
丙

如此把一側河流的各溝的壩地連絡起來，擴而廣之，我們要盡可能的把彼此水系不同的壩地也連絡起來；我們所以要如此擴大連絡的用意，第一是要利灌溉，蓋壩地灌溉用水之供給，唯一仰賴於儲蓄暴雨時之山洪，而暴雨時之降落量，常是各地極不均勻，我們常見有距離很近的兩道溝，此一道溝內則是滿溝山洪，彼一道溝內則是滴水沒有，如彼此連絡貫通之後，就可以此溝之有餘補彼溝之不足。且壩地既多了的時候，我們決不能把所有的壩地都種同一的作物，因各壩內所種作物之不同，便有在同一個時期上需要灌溉與不需要灌溉之別，倘若沒有個互相調劑之方法，用水上便成了一件不經濟的病象。關於灌溉上還有一層此刻環境上需要改良，而此刻條件也可能改良的事；就是當各溝壩地沒有連絡貫通的時候，必須每溝皆有一個水庫，以蓄各該溝淤田沉澱過的清水，而再以庫內所蓄之水遇旱時灌溉各該溝之壩地，但是各溝的壩地是逐年淤高不已的，而各個水庫則不能隨壩地而同與之增高。這是因爲第一、雨量並不是與年俱增水庫壩堰加高也成爲無用；第二、各溝尾閭部未必都具有建築高堰水庫的優良地形，因此就年代愈久，壩地地面與水庫水面的距離愈高，而灌溉時的昇水工作也愈趨困難。但所幸到了各溝壩地連絡貫通之後，甲溝乙溝丙溝的山洪，都可以到了丁溝，而丁溝水庫所蓄之水，也可以灌溉甲乙丙等溝的壩地。於是在這時候擇地形優良的水庫—假定爲丁溝—加高其蓄水壩，把甲乙丙等溝淤田沉澱過的清水也收入其一部或全部，這樣丁溝水庫水面昇高之後，灌溉各溝壩地的任務悉歸之於此一水庫，其他水庫或存或廢視其他情形而定。　第三、是改良交通，山溝築壩淤田，是改良邱陵地交通的基本措置，經初步及第二步計劃完成後，山溝交通就有顯著的改進，再經第三步各溝連絡貫通後，凡可取徑於此等連絡點的往來，就連山也無須翻了。　第四、是便利機械耕作，第一二期淤成之壩地，已可開始機械耕作、再經第三步計劃完成各溝壩地連絡貫通後，機械耕作之使用愈形便利，機械耕作之範圍愈益擴大。

命運註定了要被自然沖蝕淘汰消滅的黃土邱陵地，我們用築壩淤田法，可以改造為耕作則機械往來，交通則舟車銜接的新世界—治河是它的副作用—所以我們對於築壩淤田這件事，要無限制的擴張無止期的繼續，直要做到所有的邱陵地都變為平地；但那些森林與住宅區，我們願意讓牠們永久高出於一般的耕種田地，這是為了居住的舒適與風景的點綴。現在居住在平地的人，不是都覺的平淡無奇，有時候還想遊山舒懷，甚至要山居頤性，找不着山時便在花園裏做一個人工假山聊以慰無聊。所以我們的這個改造黃土邱陵地的大設計，要依自然地形之便利，造成一個有山有川居住適宜耕作便利的理想之鄉。如上所述，那便是華北黃土邱陵地地形藝術化的完全實現。這種事業自然需要很久的歲月，但我們的子子孫孫繼續不輟，終有達到如此境地的一日，我國古人說的好，千里之程始於頭步，這是說目的地雖遠走的慢，然慢走總比不走好，因為走一步便距目的近一步也；而我們的築壩淤田事業，和這個比喻還有不同之點，就是我們的事業是走一步便可達一步的目的，走兩步便可達兩步的目的，非走盡千里方有目的可達也。且近世科學昌明，服役於人類的機械，日新月異層出不窮，百餘年前的交通，陸地總得用動物的腿走，日行百里，載重千斤，交通之能事盡矣，我們看看今日的交通情況如何？百餘年前的手搖紡紗車，一人一機一下只能出一股線，還得緩緩的往出抽，我們再看看今日的最新紡紗機其工作情形又如何？效率之增進，豈止萬倍。其他如軍火上之發明，今日視為新奇者，說不定明日就要嫌牠陳腐，進步之速又遠超過其他日常用具之上。蓋機械之創出，由於需要，而創出後之進化，則視才智之士對之關心之程度而定，黃土邱陵地的改造事業，在一般人的不思索的認為不可能之下，不知耽誤了有多少年代了，所以漫說改造的利器，實在連笨器也沒有創造出一點來。倘我們由今日起，大家以全副的精神經營此事，則志之所在金石為開，何況我們攻治的對象是鬆脆的黃土，何況我們攻治的手段，是要利用自然搬運泥的偉力。據我國水利專家張含英先生，多年研究之結果，黃河每年攜沙量爲七八七、一九三、〇〇〇、公噸（五四二、五七七、〇〇〇立方公尺），約與我國四萬萬人不論老幼男女每人自上游至下游負二公噸（約三千斤）之重量工作相當。但現在這個工作大部是爲害下游了，倘我們的山溝築壩淤田事業實現以後，我們便可把這個巨大工作轉變爲自然替我們搬運泥土填充溝渠坑谷而變爲良田的有利事業，而且這個數目還是在河南陝縣測得的，其實在黃土地區的山溝裏，整批崩坍而不爲水所帶走的土壤，實要超過此數目，在我們的淤田事業實現後，這都是自然付與我們的協助，在今日這個科學昌明機械發達的世界裏，才智之士對此事稍一關心，則發明些比普通農具－鍬钁之類好的工具必非難事。如此我們一面利用沖刷的自然偉力，一面再加以高效率的人工促進，則說不定幾千年被沖蝕毀壞了的黃土高原，我們能於短時間內，把牠整治成另一番新氣象。

D另一個補救辦法

築壩淤田所必備的自然條件：第一、是要有溝渠；第二、是要有山洪；尤其緊要的，是山洪裏邊必須含有泥土，而且是山洪裏邊所含的泥土之量愈多，則淤田成功愈迅速。但那些土層早已沖刷淨盡成了澈頭澈尾的石山石溝的地方，溝渠雖具山洪雖有，但那些地方，山坡山溝無土可沖，所以山洪裏邊所含的泥土，當然極其輕微幾近於清水，你要把那些不含泥土的山洪築壩瀦積起來，根本沒有泥土可沉，怎麼能夠淤出田地來呢。所以我們要達到河流渠化的目的，對這種地方的山洪，就不能不另想一種處理的方法，不然，河流裏沒有泥土沉墊之患，然尚有流量突漲之弊，不能由人意操縱流量的河流，就不能算是渠化，所以我們對於那些由石山石溝流來的山洪，決不能任其直入河流，也要築壩儲蓄起來，待需要之時才由人意放進河流裏去，但本書所說的治河方策，關於經費方面，原則上是認它爲一種營利事業，在可以淤成田地的地方，修築壩堰所需之經費，要仰賴民間投資，但在這種淤不出田地的地方，修築壩堰所需之經費，就不能希望民間投資，而要仰賴國家設法了，在我的意見，修築此種壩堰所需之經費，可由下述三項籌之：

一、歷年下游因防洪修築堤防的經費，可以移作此用。

二、因如此整理後，可以得着灌溉的地畝費。

三、因如此整理後，發達航運所徵之稅款。

上述三項，除第一項係國家歷年經常費用，可以移撥現支外，後二項均係事成之後方能見到的利益，決不能用此種收入以修築水庫壩堰，所以第一項經費不足修築那些壩堰時，必須國家另行籌款。然據我想，此種淤不成壩地的石溝，雖散在各地爲數不少，但因石質上沖蝕不易，所以所有的石溝都是非常狹隘，不像土溝那樣開擴，所以修築壩堰也格外省事，且既係石溝築堰時所需的石料舉手可得俯拾即是，是堰既短而料易得，修築起來決不是什麼困難事，且所收集者既係清水，故水庫無淤廢之患。且既係久存而不淤廢的水庫，大可興殖水產動植物之利，原來毫無使用的石溝，倘能產出些坡嶺居民視爲珍貴食物「海味」，則他們—坡嶺居民—一生不得見的佳餚，或可因我們的治理，使他們一生中能够吃着幾頓，亦算是人間大功德事，希望水產動植物專家，對此問題，深加一番研究功夫，倘我們的理想能够實現，則整理河道又成了一種附帶的利益了。

丙、人事上的組織

築壩淤田這件事，它是要把許多人的田地，許多人的資本，和許多人的勞力，合在一塊來經營農業，和以前個人單獨耕種的小農制度迥然不同。小農制度固有它的劣點，但也有他的優點。它的劣點是因地域零星分割與資本分散薄弱，因而阻得了水利事業的進行，與機械耕作的使用，它封閉了農業進化之門，使永遠停滯於原始的耕作狀態；而且在邱陵地，因此種制度之存在，有使地力日趨瘠薄以至於土層淪亡之勢，所以我們要破除一切障礙，不惜把此種制度打消。但它的優點，是一個人自耕自食，責無旁貸，利無旁溢，不須有督責之事，便均能努力耕作，人人盡忠於職務，係事業成功的保證，所以我們要想盡一切方法，保持此種人人均能忠於職務的良好現象。我們用什麼方法可以使得農耕方式變成了有組織的機構，而尚能保持人人均能努力耕作的良好現象呢？從積極方面說，人類是高尚的動物，本來都具有高尚的意志與純潔的情感，我們要由各方面啓發人類的這些美德。從消極方面說，人性至為不齊，我們鑒於歷來公營事業之敗壞，不得不製定一種嚴密的法規，以防範奸惰份子的狡怠行為。築壩淤田事業上第一件容易起糾紛的事，就是地價之評定，關於評價委員會之組織，我們當然要盡可能的推舉熟諳地性與行為公道的人，然徒有善人還不算，我們還要製定一種善法使有所遵從。如我們那裏坡嶺田地的好壞是判於下述的這些條件：第一、是土質的好壞，第二、是土層的厚薄，第三、是坡度的大小，第四、是地內溝渠多寡，第五、是地力危害性之嚴重與否（如臨溝田地易被山洪沖刷傾圮及地內有難於肅清之雜草害蟲等）。比如一等田地的最高分數為一百分，這五個條件每一項的足分為二十分。如某塊田地土質為毫無摻雜之純黃土，此一項應打二十分；土層亦相當厚短期內決無沖蝕沒落之虞，此一項亦應打二十分；但坡度甚大幾近於壁立，人畜僅能爬登此一項應打五分；且地內溝渠甚多既損種植面積，且妨碍耕作行動，此一項亦應打五分；關於第五項地力之危害性中等應得十分。則此一塊田地之總分為六十分

此等法規愈詳盡愈好，務使評價者不得任意解釋，地主等亦不得無理取鬧。

認於投資方面，是入一元作一元的股本，入十元作十元的股本，此一層無糾紛可起，可以不談。現

在把收穫物的分配方法略述於下：

關於收穫物的分配，可分兩層來說，第一層是地主（此處所說的地主係團體地主即所有地價與投資額之總和）與職員之間的分配，可遵守當時當地國家所行的政令。職員與職員之間分配的基本原則，是按勞力分配，就是各盡所能各取所值。我於民國二十八年組織農業生產合作社時曾有如下的規定：……將田中各項工作，按普通一個人一日所能做之數目定爲一個日工：如犁地三畝爲一個日工，某人某日犁地四畝半，則爲一個半日工。如鋤苗一畝爲一個日工，某人某日鋤苗半畝，則爲半個日工。其有一個人不能單獨工作，必須幾個人合力而爲者，則規定爲各種小組日工，如修築堨堰每組至少必須五人，田內下種每組至少必須三人，如築堨十立方尺爲一個築堨日工，某組某日築堨十五立方尺，則爲一個半築堨日工。如種麥十畝爲一個種麥日工，某組某日種了五畝，則爲半個種麥日工。將來即以日工之總積除收穫物之總和；還有應注意之點，就是我們爲要使職員對業務起恒久的愛護之心，必須有一種進級與養老的制度，這裏所說的進級，並不是說一定要升官，如規定五年進一級，則即使兩個人做同一的職務，但因兩人所屬級數之不同，所得工資上也應有些分別。

上述估定地價與分配收穫物的辦法，是我擬舉的兩個大概例子，內中自有需要補充與修正之處，且因各地自然條件之不同與人情習俗之有異，所用辦法自然須要變通。我們的目的，是要使組織內各個分子，都成了勞動勇士，不但小農制度之下各個均能努力耕作的現象可以保存，而且因團結互助之故，使工作的興趣擴大，工作的效能增進，此種成果，世界上已不乏成功之例，偏見之士，不必斤斤過慮也。蓋人性實爲宇宙間變化可能性極大之物，是在吾人製造一種環境有以誘導鼓鑄之耳。吾人不觀歷史上帶有宗教色彩的大騙子，抱有政治企圖的大奸雄，他們虛擬些荒謬的神話，創造些歪曲的理論，便能使信從者迷於渺無踪影的仙境，使其違犯人性的枯寂生活，爲了毫無實益的虛榮，做出捐棄軀體的悲劇。在我們計劃中的團體勞動生活，它能把從前無可如何的自然界旱、潦，冲蝕等現象逐漸征服了，而成爲供人役使的馴僕；能把從前效能低微的體力勞動，逐漸進化爲效能宏偉的機械耕作；它能把從前勞動者迫於飢寒，互爭互竊僅僅爲食而生的低劣生活，逐漸改變爲豐衣足食互助互愛美滿超逸的文化生活。這是萬物之靈的人類，理智發展的必經之路，情感充實的必至之境。吾人努力一分就有一分的成果可享，較之以荒誕的神話，歪曲的理論以迷惑世人者不可同日語，故我對之有堅强的信念與無限的期待，希世之同具此感者，我們共作征服自然的男士，改造社會的先驅。

丁、政府應有的措置

政府方面應有的措置約有下列數項：

（1）地權的開放－要實行我的這個計劃，凡山溝裏築壩用得着的土地，其地權必須開放，至用何種方式開放，於『甲先去政治上的桎梏』一項已有論述玆不再贅。

（2）資本的扶植－築壩淤田，在黃土邱陵地抵禦冲刷事業上是節約人力節省資本的一個妙法（著者附近八九個村莊的溝水匯合流入湫河的一道溝，長約二十里，土層早已冲刷的沒有了，而是一道沒有耕種效用的石溝。但因土地飢荒的原故，勤苦的農人，於溝水衝擊緩弱的角落，修築堅固的半月形石堤，以求得三五方丈以至一二畝的石渣地，散在此溝內的此種石渣地總數不及百畝，保護此種田地修築的石堤，共長可達十里以上。倘此溝內合而爲一築壩淤田，十年內有淤成一千畝壩地的希望，而所築壩堰即每二里築一堰共計十堰，每堰狹窄處不過三五丈，寬闊處亦鮮有超過三十丈者，總計十道壩堰，全長亦超不過三里）。雖經濟枯竭的農村，在原則上資本是不成問題的。但一種事業的創舉－尤其是大規模的公共事業的創舉，多數人則囿於風習的綱陋不敢嘗試，少數人則因與個人私利衝突多方阻撓，著者對此是多少有點經驗的，我於民國二十八年組織農業生產合作社時，資本的大部分，是友好們拘於情面而承諾的，把它正經視爲一種營利事業而入股者則爲數很少，這就是多數人囿於習見不敢嘗試。還有兩個人、一個是他自己把一段太部係荒溝，少部係僅可耕作的磽瘠溝坡地，於五六年內淤成十幾畝肥腴壩地，此人可謂得着築壩淤田的優厚利益了，然他對我的計劃，雖不便公開反對，卻是作消極的破壞，窺他的心情，一則是恐怕我的計劃成功了，他的那塊「愛田」要與大家混淆，二是他已經有錢了，心上蓄着一種謀略，想把附近的田地收買過來，擴張那塊「愛田」，他一個人獨享大利。另一個人，是他在我計劃合作淤田的那一道溝內，有他費了千辛萬苦用半月形石堤在該溝圍成四五畝石渣地，此四五畝石渣地他經營菓園，他一家五六口人餘年生活費用的大部，確賴此菓園維持，倘我的計劃實現了，數年之後，他園內的菓樹，都要被淤土埋沒了。雖經我許他的菓園准作優厚的價格，且在必要時，社方還可以補助現欵，然這件事終是要破壞他的生活常態，他先是乞憐，後是恫嚇。這就是與少數人的私利衝突多方阻撓。我們不覩火車的發明行駛，對於社會的進化，人類福利的增加，是有多大的影響呢，但在開始應用的時候，以舉世欽仰大名打敗拿破倫身任不列顛帝國首相的威靈頓先生，竟以火車的吼聲刺耳作爲他反對的理由，無知的山坡鄉農，因犯及私利而阻撓尚足怪哉，所以這種築壩淤田事，地權的開放固然是第一關鍵，但地權開放之後，一開始就要完全仰賴民間的投資，於事業進行上一定要有遲緩的情形，我們爲要期望此種事業的迅速普遍發展，須由政府籌一部資本，於民資不足舉辦的場合由政府補助投資，以使業務得以迅速進行。此種政府投資的來源，一部分可由上游當地政府勸募，一部分可將下游修築堤防的經費移撥。或謂下游修築堤防的經費，係保障若干生命財產的費用，倘或上游攔堵無効，下游卻陷於防汎無欵，事情豈不糟了嗎？其實下游汎濫的河水，係由上游山溝裏流來，這是無可懷疑之事，問題只在上游山溝裏築壩淤田事業普遍的程度如何耳。因此我們爲慎重起見，移撥數目之多少，可視所能救堵山洪面積之廣狹而定，這種欵項，或作爲政府的投資，或作爲低息或無息的借貸，總之最低限度成本是將來可以收回的，決不像下游修築堤防，欵項是花的永遠沒有個止境，而問題還是永遠解決不了。還有一層，現在的社會潮流，對大地主是要限制的，但在我們的經費無適當解決的情況下，則不可限制個人多投資，因爲這種事業是創舉，而且是向自然求利益，並非人對人的搾取。這種事業投資的邃滯情形，一定是初創之時有之，待利益漸見風氣開通之後，不但農村資本即都市資本亦要湧向於此部門，那時我們於河流上建堤建閘及改造初創時土法建造的蓄水庫等事，均可順利舉辦矣。

（3）管理權的操持—大規模的水利事業，必須有統一的計劃統一的行動，山溝築壩淤田，在開始的時候，雖然就把每一個山溝裏的地主合併起來，但還是無數的山溝裏各個分頭進行，這些無數山溝裏分頭進行的淤田事業，待淤至某種程度，爲了耕作的便利，灌溉的發展，某處須停淤，某處須增淤，務須遵守政府的最高計劃來行動，以實現一種由人意決定的地形；再如河流渠化的建築工程，如攔水的閘門束水的堤防等，必須由國家經理，即蓄常由水庫放水等事，亦必須服從統一的指揮，這在「A初步的辦法」稿內，已有具體的說明了。

（4）直接經營模範農場—邱陵地地勢廣大溝渠繁夥，所以大多數的築壩淤田事業，是要依賴人民經營的，這些民營的農場，或因於經營者知識的貧弱，或因於所籌資本的不足，以致業務經營上難達應有的美好程度，所以政府應選擇適宜的地址，委任得力的人材，再予以充裕的經費，務要造成一個盡美盡善的事業，作爲民營事業的楷模，且此種政府直接經營的模範事業，應遍設各地，以便人民就近參觀有所借鏡。

（5）農民的普遍訓練－山溝築壩淤田這件事，有些地方的農民固已熟悉，但有些地方的農民或還不免生疏或根本未見過，且我們要實現的新事業計劃遠大，現代的工程技術亦較土法為優，我們必須向農民灌輸些現代工程知識，而且使之了解我們的遠大計劃，所以要於農暇之時，對一般農民作普遍的訓練。

（6）設立專門學校－築壩淤田事業，與一般的水利事業有點不同，而且事業龐大，需年久遠，必須培植多量幹部人材以供給各地指導之用。

戊、對李賦都先生懷疑的解答

李賦都先生的懷疑，原係對李儀祉先生的溝洫主義而發，而我的－築壩淤田計劃，也正是一種溝洫主義，故李先生質疑之點完全適中於我的計劃，故特撰此篇為之解答。

李賦都先生在他的『論黃河問題』（原文載恩格思治導黃河試驗彙編）一文中對黃河中上游的治導諸法批評中有云：『余在德與治河及農田水利家，談論我國之溝洫主義，頗得一般專家之贊美，利用溝洫之制，不獨能減洪水量，且可減河內含泥量，於治黃及農田均有利益。然余對溝洫主義終有疑問在，溝洫主義，首在能普及。若不能普及，即稗益仍淺。令使其能普及，則黃河之招災洪水，固有所減，然河內黃土來源多端，或不能使其近於零點。河內泥量之百分數，或因水量之減少，而不能至相當程度也。』歸納李先生之意見，可有下列二點：

一、恐溝洫制度，難達於普及。

二、縱令溝洫制度能夠普及，然河內黃土來源多端，或終不能使河水含泥量近於零點。

對於李儀祉先生的溝洫主義，我也懷疑其難達於普及，於第三章第二節已有所評論。我的這個改良了的溝洫主義，我認爲是能夠普及的，然或者是我的主觀見解過於濃厚，因而蒙蔽了一切，所以希望關心此項問題的人士，盡量提出困難之點，我們大家討論；雖然，我也自知就是我的這個改良了的溝洫主義，要達到百分之百的普及，固需要吾人的相當努力，然較之其他治河方法，或努力而無良好的結果可期，或因種種困難，根本無從實施之諸方策，優長甚多。

關於李先生的第二項疑問，「河內黃土來源多端」一語，大有研究的必要，然我對於黃河含泥量問題，並沒有做過實地的研究，故所謂研究云云，無非是根據他人的研究，而加以常識的推斷，倘有疏漏誤謬之處，至希讀者教正。

黃河內之黃土，必自有黃土之地面而來，且黃土不能自到河裏，必須藉流水之推動，纔能到了河裏，這是無須研究的事。黃土對水的滲透力極強，只要地面平坦，即使是急雨久雨，水也都能滲入地中，很不容易洩入河流，—尤其是耕鬆的田地更是如此—我們常見同一的雨量，同一的黃壤，山坡上遍地洩水沖開溝渠，而平坦田地，不但不洩水，反把山坡流來的山洪，亦引入田中灌溉，這是凡山川接壤處，毫無二例的普遍情形，黃河自滎澤以下雖有偌大的黃土平原，但無一支流加入黃河，就是這個道理。吾人普通把河流盛漲之水，稱之爲山水，這實在是名實相符的一句話。又黃土雖疏鬆，但只有坡地的湍急流水，方能沖蝕土層，平地的緩流是無此力量的，試觀黃河到了下游平原，以偌大的流量，不但無力沖蝕而反把從上游帶來的泥土，亦沉澱於河底，這是有力的明證。所以黃河盛漲之水實來自坡嶺，其中所挾的大量泥土，當然是來自有黃土的坡嶺，—即黃土邱陵地，所以只要黃土邱陵地區的梁壩淤田事業普遍了之後，黃河裏的泥土來源也就杜絕了。我們再看具體的事實，黃河含泥量，在洪水期，要漲至百分之三十四之多，（民國二十三年七月於龍門測得爲百分之三四·五）在平時可縮至百分之〇·五左近，至百分之〇·〇二之微少。施測過的涇洛等河，其含泥量，洪水期能溯至百分之六十以上，在平時，則常在〇·〇一左近，這是表明黃河裏的黃土，實來自山洪，而且是黃土邱陵地的山洪，倘我們能把黃土邱陵地的山洪，而且是所有的一切山洪用築壩淤田方法，沉澱過再放入河裏，則黃河內含泥量，雖不能減至零，一定也能近於零。

或有人問：黃河在一、二、十一、十二、等月，絕對無山洪流入的時候，也有百分之〇·五左近的泥土存在，那是什麼原故？據我的臆測，這是因爲黃河在每年八九月洪水時期，曾經有過大量的泥土，這些大量的泥土，並不能於洪水期當時，就能百分之百的完全流的走了，其中也有一小部隨處沉着，在一、二、十一、十二等月，雖無山洪流入，外邊的泥土來源雖然杜絕了，然洪水期沉着於河床的少量剩餘泥土，一定要被洗刷起來的。比如我們吃飯用的鍋碗等傢俱，雖然飯全吃完了，然粘着於鍋碗等傢俱上的微量米粒米糊是不能沒有的，粘着於鍋碗等傢俱上的米粒米糊，經一兩次的洗刷就可以乾淨了，杜絕了來源的河內微量剩餘泥土，經相當時期的洗刷後也可以沒有了。

或有人要說，河床沉着的剩餘泥土，經過相當時期的洗刷後，當然可以完全沒有了，但是實際上的黃河中上游河漕，並非完全是石漕，部分的也有些土漕，那些土漕部分，豈有不被沖蝕之理，那不是黃河裏黃土的另一來源麼？答：若黃河的中上游完全是土漕，那眞是要無底止的沖蝕，而且早已沖蝕的上中下游河床之高低相差無幾，決不能有今日河床在上游呆闌附近爲海拔一千五百米，在下游開封以下，則在百米以下的高低懸殊現象。黃河上下游河床之所以能夠保持今日的這個高低懸殊現象，是因爲上中游河漕雖不完全是石漕，但也有些部分是石漕，而且實際上大部分係石漕，土漕只佔極少部分。凡河漕的構成，只要下段係石漕，其上段即使完全是土漕，但沖蝕到與其下段石漕等高程度時，沖蝕即行停止，決不能無底止的沖蝕，使其上段之土漕部分反低於其下段之石漕部分。今日黃河中上游雖有部分的土漕，但各該土漕部分之下段，皆有等高之石漕銜接以保障，決不會有因土質疏鬆而沖蝕的單獨下陷的情形發生的。這是說了，上游河漕之底雖有黃土構成的部分，但也不能加入河水爲害了。但是河漕並不是只有底面，而尙有其左右兩側，那些黃土的側壁，在一般人的理想中，一定要以爲那可要整批整塊的向河中崩墜了，但事實上也不盡然，因爲黃土的側壁，與下部石壁銜接處，並非與之同取伸出直立的同一姿態，必定要因河水浸潤之故，傾圮後退的成了坦坡，而且因爲黃土疏鬆之故，成爲後退的坦坡的這種變化來的很快，所以只有新創的河漕，才能見有直立的黃土漕壁，凡經過相當歲月的河漕，其左右側壁的黃土部分，早已成爲後退的坦坡了。據張含英先生的估計，黃河的最大流量爲每秒爲三萬立方公尺，黃河的生成不知有若干年代了，此種最大流量，總有過幾次凡屬黃土漕壁，已被沖刷的非常後退，所以在今日慢說低水時期，即普通洪水也夠不着再擴張其漕壁而有眞正的沖蝕。今日所見崖岸微差泥土的剝落，那也是洪水期剩餘泥土的洗刷，不能視爲眞正的沖蝕。眞正的沖蝕是不是能夠發生呢？能是能的，但要有空前的洪水時方能，比如說黃河曾經有過每秒三萬立方公尺的洪水量，今後倘能再有超過此數目的洪水量時，方能使今日已經後退的黃土漕壁再行後退，但是黃河經我們的治理之後，—即使是不完全的低度的治理，也很不容易再有空前的洪水可見了，所以也再不怕有黃土漕壁被侵蝕，那些剩餘泥土來源杜絕，很快的就能把牠洗掉了。

河水侵蝕黃土漕壁之事也不是絕對沒有的，在那些河漕之一側有天然堵塌，或河床傾斜使流水倒向一側，而倒向的這一側恰恰是土質漕壁，那就是要發生眞正的侵蝕的，我所承認的黃河裏黃土的另一個來源只有這一點，不過這也是理想上的事，實際的黃河上此種地方究竟多少，且其在爲害下游的河水含泥全量中，約佔百分之若干，這是需要作一個實地研究的。

還有人懷疑黄河經過後套沙漠地方，恐其挾有大量泥沙俱來，然據民國二十二年黄河大水時期，測得河水含沙量，在河南陝縣爲百分之三十九，在綏遠民生渠口不過百分之三耳。又據黄河水利委員會估計，黄河由河套南下之水量，只佔其全流量百分之十五；於此我們可見河套沙漠地帶對於黄河供沙量之不足重視矣；且我的臆斷，黄河由河套南下之少量泥沙，恐係由該處黄土高原地之支流而來，其眞正供給者並非沙漠。因爲據我們所知沙漠對水之滲透力較黄土尤强，沙漠中根本無水流入黄河，沙也當然無從輸入河裏，至於黄河幹流經過沙漠之一段，或不免有人要懷疑到沙床疏鬆，易於冲刷。我於上段已講過，凡河床構成，只要其下段有堅硬之構造，即可保護其上段疏鬆部分，而不至於無底止的冲刷，要是下段沒有堅硬構造的保護物，則上段可能冲刷者早已冲刷的沒有了，決不能待至今日才冲刷。

『有許多著作家，在河工學上堅決主張，凡含沙量甚大之河，其大部分泥沙，居於河底，造成一種流動沙層』，關於此問題，玆引發禮門『黄河含沙之研究』一段，以作解釋。發氏云：「昔督辦運河總局，於洛口設站，測量黄河流量，因水流急速，測量深度頗感困難，據觀測者之揣想，於用量深器下沉時，似覺河底之上，有二三英尺之流動沙層。然以後証明，上述揣想爲一差誤，蓋前述感覺由流水推動躪繩所發生之現象，易以鐵絲即將差誤發現矣。

美國加利福尼亞大學，關於地質研究，作種種試驗，對沉測之運轉，亦特別重視，其結論爲：河中泥沙，當沿河床進行絕不上升。據有聲望之學者堅決稍述，據洞悉密西西比河各種情形者用潛水器(Divingbell)在該河數處之河底，經多次考測之結果，並無上述情形之發現。關於測量河漕精確深度，及研究洪水期冲刷力之大小、與速度、減低、重行淤尺等問題，余於河床上作數次之實地試驗，且均甚謹愼，試驗各部分之含沙變化，佘於距河底半英尺，一英尺、二英尺、三英尺、及水面下一英尺諸部分採取試樣，試驗其含沙量，至於採取法，係用鐵筒之裝置，前已述及茲不復贅矣。 試樣於不同之處採取之(採取於近岸處)，其中有二試樣採取於河之中流，其水最深，流速最大之處，另一試樣採於近岸處。據上試驗之結果，沿河底並無流動沙層「或滯」且近河底部分之含沙量，增大若干，亦非較意料者。」

據此，我的結論是：黃河裏的黃土，係來自其流域內的黃土邱陵地，其輸送者係山洪，所以只要我們把黃土邱陵地築壩淤田事業普遍了，黃河裏的黃土問題，便能解決百分之九十九以上。至於所說幹河沿岸，一側有天然堤壩，或河床傾斜，以致河水傾倒一側，而傾倒的這一側恰恰係土質滑壁的那些地方，當然也有土質加入河中，但其量，在偌大黃河携沙全量中，其所佔數字，實在是微不足道。

已、與河北河流治本計劃比較

河北各河流，在古代曾有很長的時候與黃河合併過，所以今日一般的地理書還是把它劃爲黃河流域，在今日牠們雖然已經和黃河分離了，但上游都是起源於華北黃土地區，性質既與黃河相同，（永定河有小黃河之稱）治理之法，也有互相參考的必要，茲將兩種方策，同異得失之處歷述於下：

（1）選策之見地—孫紹宗先生，在他的『河北河流治本芻議』一文內云：『…關於治河根本計劃，中外水利專家著述甚多，或以植林，或以造蓄水池，或以疏濬河道，宗皆以爲未可，已於前章分述之矣。夫下游之水災，人皆知爲山水之故，今將爲患之山水，存蓄於山谷之內，一壩工竣，即減少一壩之水，爲災之程度即減去若干，如此解釋，豈不甚爲淺顯。…是以數年來，即主張於山溝之內，擇適當之地點段段建壩以蓄水，設置閘門，以節制瀉量，而調和下游之水勢，簡括言之，蓄霧時之雨水，以減少下游之水災，所蓄之雨水，俟旱時之灌溉而興水利，此誠治河之根本計劃也。各河上游盡係童山，溝澗縱橫如蛛網，平時乾涸，降雨則納兩嶺間之雨水建瓴下注，曲直迴環達於下游，終年有水之山溝，固爲人民集居之所，然爲數極少，乾溝荒山決無住戶，故無遷移村莊之紛擾，溝澗之長度，由數公里乃至數十公里，甚至長有數百公里者，兩峰之距離由數百公尺以至數公里，於每溝之下端，擇其最狹之處，築一橫壩，則此山溝內之雨水，全爲壩所蓄，倘因地勢合宜，數溝或數十溝之雨水，由一壩以蓄之，則爲費更省，而收效更巨矣。山內盡係荒山，狹口之壩基亦多，故建築蓄洪壩極爲容易，非比大水庫地址不易尋得也。各省河流發源於山中者皆可以此法根本治理之，即爲吾國巨患之黃河，將其支渠循序修治之，不但永無水患，且爲中國大利之所在也。築壩蓄水之工既竣，則各河之水患免除，但此不過爲治水根本之最初步，只可減少人民之一部分之痛苦，然後再以所蓄之雨水，供旱時之灌溉，水患既除，水利亦興，河流根本之治理，庶於完成矣」。孫先生對於河流之治本方策，亦屬意於上游山溝築壩蓄洪，這一點與著者之見解相同，惟孫先生有一個大漏洞，就是山洪裏邊，是含有大量泥沙的。—民國二十二年於官廳測得永定河挾沙量，按重量計爲百分之三六・五五—蓄積山洪時必然要把泥土也蓄集起來，而且水是隨著隨去的，泥沙是永留不去的，這陸續蓄積起來的泥沙，孫先生却沒有指出一個歸趨來。還有一個應注意的問題，就是孫先生認爲人民是逐水而居，遂說：「終年有水之山溝，固爲人民集居之所，乾溝荒山決無住戶。」其實據著者目睹的情形，並不是有水的地方就有人居，無水的地方就無人居。而是有土的地方就有人居，無土的地方就無人居。總之，人民是逐土而居，而不是逐水而居，或有人問：沒水的地方，居民怎麼生活呢？答：地表無水則向地下掘水，地下亦無水，則挖窖蓄潦時之水以供旱時之用，這是華北黃土邱陵地居民生活的一般情形，並不是什麼奇特的事。河北各河流上游的情形，我也沒有實地調查過，爲土層所掩覆者，估有多少面積，然據推想，山洪裏所挾泥沙既那樣多，恐不能盡是些人煙絕少的荒廢窴山吧，還是需要作一個大概的調查以決定治理的方策的。

（2）實施之方式—治理河北河流，孫紹宗先生主張於上游山溝裏蓄積山洪，華北水利委員會擬定之永定河治本計劃，亦擬定於上游建築許多攔沙壩，雖孫先生未明言要淤田，攔沙壩壩蓄甚巨，然蓄洪必然要蓄沙，攔沙亦必然要攔洪，洪去沙留，必然要淤為田地，所以性質上與著者之築壩淤田一樣，此種事業必須零星分散—其不得不零星分散之理由詳下段—零星分散的事業，倘要由官廳一手辦理，必然要感到極大的困難。好在凡黃土邱陵地山溝之蓄洪壩，因不斷收集大量泥土之故，將來必然要淤為田地，其利足以引起人民之投資經營，所以官廳只居於督導地位，讓人民投資經營之，其土層早已失盡，成了真正的荒山廢谷的地方，山洪比較清澈，壩內可以長久保持一種人工湖泊狀態，但只一部分水產之利，是否足以引起人民的投資經營，尚待實地的研究，此等地方的建造蓄洪壩，當然是壩堰愈少愈好，壩蓄愈巨愈好。於前『D另一個補救辦法』已論之矣。

（3）探討後果—孫紹宗先生之壩蓄計劃，為：『如地勢合宜，則數溝或數十溝之雨水，由一壩以蓄之，……願五大河之上游面積為十四萬八千六百方公里，（第一節壩基之調查）……壩蓄之面積無定，小者只蓄數方公里之水，大者能蓄數百方公里以至數千方公里之雨水，平均計之，以每壩蓄二千方公里之水，即整理上游流域之半數，亦須三百餘壩，（第四節壩與閘門之調查）』。永定河治本計劃，則決定在該河上游四萬七千方公里之面積內於洋河建造五壩，於桑乾河建造七壩（此二河合併後名永定河）。該擬案之計劃說明，著者愧未能見，而只見到圖案，然以常理推之，河流上建築攔沙壩後，因泥沙不斷沉積之故，河床必然漸漸增高增寬，河床增高增寬不已，而沿河兩岸之村莊田地，能無淹沒淤沉之患嗎，所以蓄洪攔沙壩，只好在沒有居民的山溝裏建築，人煙稠密的幹流上是決不相宜的。或有人問：閣下於前節內說過，人民是逐土而居，能淤成田地的地方必然有土；而且在閣下之意見，此種淤田事業，還要仰賴人民投資經營，那麽凡是能舉辦投資築壩淤田的地方，不但有居民，而且居民還要相當稠密，因爲要是地曠人稀的話，人們都有現成的田地耕種，誰還花上錢在山溝裏築壩而向水裏撈田呢？答：關於黃土邱陵地的人口問題，及壩地比一般山地肥沃足以刺激人民經營，前面已經說過了（本章第一二節），現在只把黃土邱陵地雖有居民，但大都住在山梁與山腰，而不住在我們要攔洪淤田的溝底，及幹河沿岸居民所以稠密的道理講一講，不過這也是一般的大概情形，少數的奇特地方當然也是免不了的。

山溝地形大概皆作V形，而雨水沖刷的程度，是愈高愈輕微，愈低愈嚴重，所以土屑是愈近山巔愈厚，到了溝之底部，已成爲兩面坡水匯集的流漕，土屑早已沖盡，且因地形銳窄溝水沖擊之故，居民的住宅，大都在山腰與山梁，所以山溝絕宜於築壩淤田。至於幹河，地勢大概皆作︶形，底部已比山溝平坦寬闊，其底部所以能平坦寬闊之故，是因爲山洪之量及沖蝕之機會比較多，凡河床沖至石底時，即不能像土屑似的容易沖蝕下陷，而兩旁土山之脚，則侵蝕較易，於是就形成寬闊平坦的底部，而不能保持尖銳的樣子了。

山溝地V形　　幹河地形︶

比較平坦寬闊的幹河漕，因其漕底傾斜及漕邊天然培壩等之阻逼，故流水皆作彎曲形：

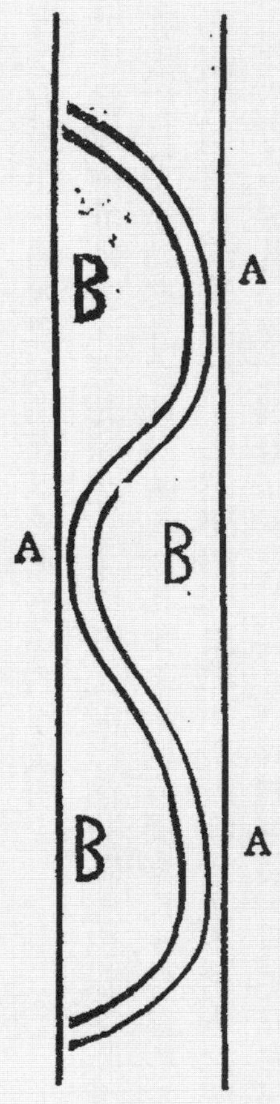

流水之突出面（A處）則漸在侵蝕山崖，做其繼續擴張河槽之工作。其灣曲部（B處）則因洪水時泥沙之沉澱，及所靠山崖之傾圮多已成了冲積地，且因易於引水及鑿井灌田之故土地肥沃，人民集居，故幹河川面多係富庶之區。

我們臨縣的湫河（有些地理書上稱爲湫水），由上游各山溝的分水線起至黃河入口處止，全流域面積約爲三千方公里（全流域無分上下游均在萬山中，但均係黃土邱陵）在我的計劃，要在河之兩岸各山溝口建築總壩堰百餘個——而且因求淤田之劾速細起見，各溝內尚須節節築壩，此河在黃河入口處，兩岸都是百餘丈高的石山，而兩山之距離也不過百餘丈，若在此處築一攔堰，便可把三千方公里面積的山洪完全截留住，若只對於治河而言誠是簡捷了當的辦法。但是這個湫河川內，有一萬左近人口的市鎭三個，數百以至千餘人口的村莊百餘個，全縣僅有的水田——約一萬畝左近——及算是本地特產的上等棉田約十餘萬畝，都在這個川內。總之，湫川是臨縣的精華所在之地，倘若要在這個幹流上建築什麼攔洪壩攔沙壩，一定要把這些市鎭村莊田園等都沉沒於河底，利未見而禍先臨，未見其可也。倘依我的計劃，在幹河兩旁之各山溝口內築壩淤田的話，其成果又是如何呢？全流域三千方公里爲一百個溝，每一個溝內平均面積爲三十方公里，合華畝四萬八千七百五十畝，以十年內淤平面積佔全面積三十分之一計，則每一道溝十年內可淤成壩地一千六百二十六畝，合一百道溝爲十六萬二千六百畝，這十六萬二千六百畝能灌溉，能用機械耕作，不施肥料亦極端肥沃的壩地（因山坡地所施的肥料都要被雨水冲集於壩地之內），是以前廢棄的石溝，及磽瘠的溝坡地變成的。這是說了各山溝裏的利益了。對於湫河幹川的利益是如何呢？湫川全長約爲一百公里，平均寬約一公里半，川內約有五百公尺寬，爲每年普通洪水流冲之故全爲塊石灘，除則爲冲積地，面積約十五六萬畝，內約有十分之一爲水田，餘則爲市鎭村落及旱平地——即上說之上等棉田（按山坡地亦種植棉花，但産量不及灘岸冲積地遠甚，故有此稱）—倘遇非常洪水，這些田園市鎮村落還得有一部受損害，這是湫河幹川的現在狀況。要是幹河兩旁各山溝都實行築壩淤田之後，首先非常洪水時一部分市鎮村落田園的水災是沒有了，但這還是消極的利益，積極的利益，因各山溝內皆有蓄水庫，河內流量可以任意調節，因此河漕可以大量縮窄，大概河面有十公尺寬河底有五公尺寬已足。因此可騰出原來普通洪水流冲之塊石河灘六萬五千畝，此六萬五千畝塊石河灘，放淤數次便可成了田地，且因靠水最近之故灌溉極便，此六萬五千畝水田，完全係塊石河灘所改造。又因各溝水庫內經常蓄水之故，從前沿河兩岸十五六萬畝冲積地，水田只佔一成，今後可得着庫水灌溉悉數變爲水田，（因以前各山溝及幹河均是暴雨時濁浪滔滔田園被災，久旱則滴水沒有，人畜飲用亦感缺乏，那能談到灌溉）此十餘萬畝得着灌溉的水田，爲從前易受水旱災害的灘岸地所改造，這是說了河川農田方面的利益了。河流本身的利益—即交通方面的利益，又是如何呢？現在湫河的流量，每年由九月至十月底一個月，每秒約有五立方公尺，由十一月起至次年二月底止，四個月爲結冰期，冰下流量約每秒二立方公尺，三月爲解冰期，流量較大每秒約有十五立方公尺，由四月起至八月底止，五個月內，暴雨時每秒可漲至一千立方公尺以上（此還是普通洪水，非常洪水看所遺痕跡流量在三千公尺以上），但要半個月不雨，就成了滴水沒有的乾河，久旱不雨下游沿河村莊，人畜飲用，也要鬧水荒。總之，現在的湫河除灌溉上游一萬畝左近田地外別無他益，對於交通完全成了大害，由三交至磧口一段五十華里，要涉水十三次才能達到，所以河內有洪水時，交通就完全斷絕了（每次洪水時，正在河灘行走的人畜因躲避不及被洪水冲走乃常有之事）洪水過後，道路亦是破壞泥濘，石塊攔阻，行走十分困難。上述係湫河的現狀。我們於各山溝建築好蓄水庫，流量可由人意操縱的時候，又是怎樣的一種情況呢？今假定全年雨量爲四公寸，按各專家的研究，暴雨時的最大逕流量，估降雨量的百分之四十，溉河全流域都是峻峭的黃土邱陵，除河灘外，徐要再找一方公里的整塊平地，可以說絕對沒有，所以暴雨時的逕流量，恐怕就要達到百分之四十；雖然一年所有的雨，當然不能都成了暴雨，但在各山溝口建築著水庫後，溝澗的泉流及地下水也要被留一部，所以歸入水庫的水量，可按降雨量的百分之四十計算，則全流域面積三千方公里，所有水庫內要收入 $3000000000\times\frac{4}{10}\times\frac{4}{10}=480000000$ 立方公尺的水，這些水，除灌溉四十萬畝川地需水 9840000 立方公尺外（以每年灌溉五次每次以八十公厘計）尚餘水 440800000 立方公尺，以此水量除全年四個月結冰期外之八個月平均宣洩之 $\frac{480800000}{8(月)\times30(日)\times24(時)\times3600(秒)}=91.5$ 立方公尺，此二十一又十分之三立方公尺之水，為計算中每秒所有之水量，實際上再除過蒸發滲漏二又十分之三秒积，每秒尚有十八公尺的流量，放在底寬五公尺面寬十公尺的河漕裏，平均流速以每秒一公尺計，水深約為三公尺半，萬斤以下的船可以通航，較之現在人扭毛驢馱的交通方式強的多了。若將來各溝壩地大量擴張，灌溉需水大量增加，河內流量大量減少的時候，到那時我們的富力也大大的增加了，於河上分節建築閘門，流走之水可以任意減少，河內之水深可以任意增加，只要交通有需要，再大的船也可以設法通航。河內為航路，河堤為公路，水陸交通可達於極便。於此，或有人不免要懷疑，以一百公里長現在漫無約束的河流，要把他彄窄為河面十公尺河底寬五公尺，河底距堤頂三公尺高的河漕，以一個縣的力量來修築，也算得一個艱巨的工程了。其實這件事的實現，比山溝築壩淤田還要容易，我們可看現在的沿河居民，為求得尺寸的灘岸地，不避艱勞以巨石在河灘圈成闌田，洪水小的年頭，可以僥倖得收成，洪水稍大的年頭只把禾苗冲毀，洪水極大的年頭，說不定要把艱勞的工程也冲個凈光，但因土地飢荒之故，他們還是毀而復築，這類田地沿河兩岸到處可見，所以只要各山溝裏水庫完成，河中流量有定的時候，要是沒有公家的規定，沿河居民為求得土地之故，恐怕要把河漕逼得更窄些，所以修築束水的堤，也是一件很容易的事。

我的意見：要是土層早已失盡，沒有居民的荒山廢溝，築壩蓄洪事業，當然要由公家辦理，而且是壩蓄愈大愈好，壩堰愈少愈好。但黃土邱陵地的築壩淤田事業，公家可居於督導地位讓人民經營之。各幹河的攔洪壩蓄水庫等，倘無特別處理泥沙的方法，倘無適宜的無人場所，則為決不可為之事。

（本文所說涇河流域的面積、川寬、流量等，都是大概的估計，非實地測得之數目。）

庚、結　論

黃河不治，實為我國之大患，上游則雨水走洩土壤破毀，致居民生活日趨於艱苦，勢必演至田地盡變為荒谷。下游則潰決氾濫，無數的田園廬舍，頃刻間可淪為汪洋一片，洪水過後沙粒沉墊，可將繁庶的平原，逐漸變為不毛的沙漠；且此河不治，運河之淤塞無論矣。南潰則累及江、淮，北潰則累及河北諸河流，其關係如此重大，故舉國上下無不亟求一根本治理之策，惟河患原係自然界改造地形的一種偉大動力，特以今日之下游情況，已不容許地形再行改造，故吾人宜控制利用此偉大動力，使其在地形需要改造之上游運動，其將來對人類之貢獻或不亞於已往下游造陸之豐功偉績也。蓋人類應付自然界之方式，逆其性而防範抵禦，則事倍功半，順其性而控制利用，則事半功倍，下游修築堤防及疏濬河身海口等事，防範自然抵禦自然之事也，故工程繁而收效微，上游山溝築壩淤田，控制自然利用自然之事也，故工程易而獲利巨，茲將本方策所以優於其他方策之處列舉於下，作為本書之結論。

1.工程簡易用土法土料即可完成－現在規模稍為巨大，工程相當複雜的水利事業，對於水泥呀，鋼筋呀等等現代材料，幾是不能離開的東西，運用現代材料，當然要有現代技能的工程師，所以今日各地方具備興辦水利之自然條件，但困於物料人材之無法解決而不克舉辦者比比皆是。我們在山溝裏築壩，倘能用現代的材料技術築成新式壩堰，那當然是最好的事，但倘若我們無力及此時，即純用土料土法也可以完成。因爲壩旣零星分散，則一個壩內所蓄的山洪當然有限，而且壩的功用也非常單純，只要堅實高厚，可以擋住山洪不至流走就行。所以有石處就做石壩，有土處就做土壩，這種壩堰普通農人工人就可以建造；但我們爲萬全計，可由專家編輯一種築壩須知之類的書，指明山地面積的粗淺估計法，及各地的最大雨量最大逕流量等，規定有若干的集水面積，做石壩須具如何的尺寸，做土壩須具如何的尺寸，責成責任者務須遵守不踰，只要做到這一點，我們的事業就不至於失敗。

2. 需欵不拘定額現在之國力即可舉辦——吾人治河，原不患無術，而所患者是該種方策能否實現的問題，而所謂能否實現的問題，就是要實施該種方策所需的經費，是否爲現在之國力所能負擔。費禮門的裁灣取直束水攻沙方策，余未見過其具體計劃案，不知究竟需欵多少，但散見於各種文獻中，均謂工程浩大，需欵過巨，以現下之中國財力決難舉辦。恩格思的固定中水位河床方策，據其致李儀祉函中（一九三二，一一，二四。）附陳特萊斯教授虎格好夫所擬：『……測量黃河下游，外勤及內勤約需三年，黃河水文測量亦須同時舉行，黃河下游全部治導計劃，至早須在測量工作起首以後三年始能爲之，又一年以後，始能着手治導之預備。』又說：『根本治導工程，約需三十年，全部工程費用，約需三萬萬馬克，每年須一千萬馬克，起首四年內，測量及計劃費用，約需五十萬馬克，但應置飛機一架之費在外』（恩格思治導黃河試驗報告彙編）

我們的山溝築壩淤田事業，不需要長期的預備工夫，只要方策決定了隨時可以進行。至於財政上當然也需要政府的補助，但數目不拘，且還是一種投資或借貸，並非開支，國家財政充裕時多補助些進行可以順利，國家財政困難時少補助些，進行相當艱澀。但這還是把這種事業，當做一種營利事業，讓人民自動投資經營的一種做法，倘國家決意要馬上實施此計劃，但財力格外艱困，而人民又觀望不前時，可命令各地遵令完成。於此我們試一言人民要完成此項命令所受的影響如何？今假定有集水面積三十方公里的一道溝，以每方公里居民七十人計算，則共有居民二千一百人，此二千一百人中除婦女老幼能工作者以十分之三計，則共爲六百三十人，以每人每日築成壩堰一土方（長寬各一丈高一尺爲一土方）計，一個月內可築成高三丈寬三丈之土壩堰二百一十丈長，我們固不能籠統一概而論的擬定要蓄三十方公里的山洪，其壩堰長須若干，高厚須若干，然以大概情形言，各山溝地形，多甚狹窄，華北雨量稀少，築壩攔洪實非難事，今假定此溝平均寬爲三十丈，六百三十人一個月內，便能在此溝內築成高三丈寬三丈之壩堰七道，一個溝內有一道足攔山洪之壩堰，淤田之利即可收、汛溢之害亦可免，再築堰一道水庫即完成，灌溉之利亦可興，河流渠化之目的亦實現。此種事業利益極端優厚，然創辦伊始，人民或不免囿於成見而觀望時，政府不妨以命令方式爲之，强民以利，較之强民以別的事順利的多了。

3.功效確實而偉大非其他方策所可比擬——費禮門、恩格思等所建議的方策，用欵那麼多，需時那麼長，然治理之後，上游坡嶺沖蝕之患如故也，各支流及中上游舟楫之不通如故也，所可期望之功效只在下游一段，而且只在河床免於淤塞之一點，河水暴漲暴落之弊仍如故也；而只此河床免於淤塞之一點功效，亦尚在証實討論中，非毫無疑問之事也（參看第三章第四節）。而本方策對於下游汛溢之免除，有如孫紹宗先生所云：『夫下游之水災人皆知爲山水之故，今將爲患之山洪存蓄於山谷之內，一壩工竣即減少一部之水，爲災之程度即減去若干，如此解釋豈不甚爲淺顯。』我現在要補充數語：下游河道淤塞，係由上游坡嶺沖刷土壤而來，今將爲患之泥土，在山溝內築壩淤爲田地，豈非轉禍爲福，河中流量暴漲暴落爲航運及灌溉之大不利，今於河水來源之山溝內築庫以蓄之，閘門可由人意隨時啓閉，不但黃河可以達到渠化之境地，而且可以造出許多渠化的支流來，然這些尚係一種附帶的利益，正利益尚非此也。

上游坡嶺地瘠民貧，在普通情況之下簡直是個無法救治的絕症，蓋以言興水利，則田在高山水在深溝；而且高山上還是些陡坡，降落的雨水還流走了，即使有水怎好灌溉，何況深溝裏也不是經常有水，以言耕作技術的改進，則滿眼坑谷的陡坡，有許多地方，今日已是連噂於爬坡的牛也到不了，只好用人力傘鍬钁往懸刨，機械耕作的那回事只好瞬子裏做夢；而面臨的事實，則是這些殘破的陡坡也漸被雨水沖蝕毀壞消滅着。以言改良施肥，則以人力翻山越嶺担送的一點人畜糞尿，也是一經大雨就洗刷個乾淨；當然連刨鬆的土也要沖走了。以言交通，山坡山溝本沒有天然道路，用人力費了千辛萬苦鑿成的崎嶇小道，下一次大雨就要沖壞一次；現代的交通工具，或可由天空看到飛機一架，其他舟車，則連此眼福也沒有了。坡嶺地如此現狀如此前途，這豈不是個百藥妄效病勢日篤的必死絕症嗎。但山溝築壩淤田，對坡嶺是個起死人而肉白骨的仙方。以湫川流域言，只要各山溝壩堰完成之日，就能把今日旱則滴水沒有，潦則濁浪滔滔的湫河，改造爲流量有恒可以灌溉可以通航的一渠清流；能把幾萬畝塊石河灘放淤改造爲水田；能把十幾萬畝常困於旱而又易罹水災的灘岸沖積地，使其免於水災而能儘灌溉。然這些尚是幹川之利益三二年內，即可實現之事也。各山溝內的前半部爲水庫，既可通舟（按各山溝地勢狹隘水庫必有相當長度），又可蕃殖魚類。各山溝的後半部則淤爲田地，能灌溉能用機械耕作，不施肥亦極端肥沃，此農田之利也。對於交通，則壩地淤高即是溝之深度減淺，此山與彼山橫的交通可以漸減其起伏之度；深而坎坷不平的溝谷，費行如同探險，壩地淤的寬平之後，便是一段車道；相鄰的兩個水係的壩地，淤埶的高了之後，間隔兩個水係的土股就低而邇了，那時以人力把兩個隔離的壩地溝通，既便灌溉又利交通（參閱第九圖）。總之，我們用山溝築壩淤田法，可以把漸漸被濁汏的溝坡地甚至已經無用的荒溝毀谷，治理的耕作則機械往來，交通則舟車銜接。地下則水陸雜陳，人不感單調，天空則氣候滋潤雨量或可有增。這不是醫治坡嶺貧瘠的仙方妙術嗎。上述湫河流域實施築壩淤田之後，則成的利益及所需時日，固是一個大概的預計。然湫河流域適宜於築壩淤田，且實施之後，上述諸目的早晚都可以實現，則是我的確信。湫河是黃河的一個無名支流，其流域面積，約佔黃河集水全面積的二百分之一，縱黃河其他各支流地形未必盡如此河流域地形之適宜，實施之後，利益自有等差，然山溝築壩淤田，爲救濟坡嶺貧瘠之不二法門，爲治理黃河氾濫之唯一良策，似不容疑。鄙見如此，希水利學術界，水利責任者，詳加研討，倘能證實其不是我愚昧的空想而付諸實施，則河流渠化華北地形藝術化的諸成果，均可次第實現，豈非國家民族之大幸事。

後記

著者本是個不學無術的人，只因生長坡嶺，對雨水冲蝕土地及居民應付此種自然界的威脅情形有點實地的見識，就對治河大業敢於曉舌，至對於各種治河學說及計劃，實係片斷的擷拾，且因所處的環境關係，所擷拾的材料既微少而且又都是過了多少年的舊物，因此本書實有許多缺點是需要以後補充糾正的。

一、黃河與黃土有極端密切的關係，我們治河，須置重點於治「黃」，欲治「黃」而必須對「黃」有相當的了解，那是自不待言的事。所以如原始華北黃土區的地形如何？其後經過若干年代才冲蝕成今日破損不堪的邱陵地；今日的這些邱陵地，其分佈情形如何？且因被冲蝕之故，地力逐年低下的成數如何？且再經若干年代之後耕作的效能將要完全喪失？這些都是與治河有關的問題，我本打算對這些問題，都有個相當詳細的敘述，但因得不到材料，故問題之有關於時間者，只好約畧抽象言之，問題之關於空間者，只好就個人所見之局部情形言之。這是很不愜意的地方。

二、黃河之所以難治，並不是因為牠水量大，而是因為牠水裏邊所含的泥沙多，所以究明黃河裏的泥沙是從什麼地方來的，那是治河施策的診斷病源工作，我們考查黃河之所以成為世界上含泥沙最多的河流，其最明顯的原因是牠流域內領有世界最大的黃土區，但黃土為質疏鬆滲透力極强，平坦地面幾不洩水，泥沙也當然到不了河裏。所以我的意見，認為黃河裏的泥沙實來自黃土邱陵陂地，為得到充足的證據，最好是將各河流的含沙量與其集水區內的地表構成狀態羅列對比，就能對黃河病因得到一個明確的結論，亦因材料缺如未克如願。

三、在黃河流域的黃土丘陵地各山溝裏普遍實施築壩淤田後，逐年大約能淤成多少壩地，且各山溝壩地淤勢至何種程度各地之水就可以互相調劑，且其調劑之範圍又如何？要對這些問題作一個近於正確的估計，非對黃河流域溝渠坑谷所佔的面積及附近山頭土層的厚薄，雨量情形，及將來所施的人工促進程度等等有個詳密的統計不可。對於使得黃河渠化，關於如何處理泥沙，如何調節水量，本書內是有所說明的。至於黃河上何處建閘，如何築堤，則以著者河工知識的缺如，實對此不敢道一語。

四、自著者心裏發生了治河動機，以迄於此書的寫作完成，均在偏僻小地住着，攻斯道者周圍再無一人，故切磋討論之途竟未得着，甚至如水利文獻中常見的渠道河床等坡度千分之幾這麼一句普通語，亦因無人講解，我實不明原義，在北平揹的買了本『中國河工辭源』，但只解釋中國舊日的河工術語，對現代科學名詞竟未收入，故本書內所有說到的坡度千分之若干，乃是按己意猜測杜撰的，如言某河流坡度千分之一，就是說那道河流長一千里，其起點高於終點一里，如此解釋不知是否與原意相符。至於算術，著者只在小學校裏學過一點，書內的幾個算題，都是照着所見水利書籍內的算式，由自己模仿而算的，實在未蒙師訓，所以其正確性恐怕更成問題，總之，本書在未寫之前及寫成之後，均未受過方家的教誨，牠的付刊是名實相符問世，至祈愛我者批評指正。

五、本書寫作時，手頭只有一本恩格思治導黃河試驗報告彙編，一本陝西省水利概況，和四五本水利月刊可供參考，黃河誌水文篇和地質篇等書本也都買下的，但在相隔百里的另一個政治體係的地區內放着，用了二年功夫，費了許多周折還未能到手，所以有好些應列的河床高度及含泥量等，只得約略言之，對詳確的數目字只好割愛。

六、各家的學說計劃，我見到的既片斷而且陳舊，自不免有以偏概全執舊衡生的毛病，至希鑒諒。

七、我於事變前，即將邱陵地的地形，冲蝕的痕跡，及居民應付冲蝕的種種設施，尤其是已經淤成的埝地等。攝有照片二十餘幅，亦因事變兵亂，連底片及照像器材也都失掉了。圖表方面也因自己繪技拙劣之故，省畧了應附之圖不少。

以上所述，是我自己認爲本書內容的大缺點，此外我想不到的地方當然還有，至希　博雅指教；抑有進者，我希望本計劃之早日見諸實施，較希望本書內容之充實更爲迫切，至黃河流域之普遍實施，固是我的最大希望，一地方的局部舉辦，亦可藉慰多年的渴願；同情者的協贊，自然感激萬分，另具見解的異議，亦所歡迎，希關心國計民生的人士們，咸來討論此大問題，咸來協贊此大事業，恩格思先生有言：「按中國水利問題，實爲全世界之最繁雜而浩大者，即如黃河之治理，必得數千萬人之經營，始克奏效，未來之空前文化事業其在斯邦乎」。願大家都以坦白的愛國熱忱，與純潔的科學態度參與此盛舉。

本計劃施行上之優越條件，是在於黃土邱陵地人口日繁而土地生產力毫不增加反日趨減損，因此造成人民珍愛土地的一種心理，可希望他們投資經營，阻擱它成功的障碍物，則係政治上零星分割耕種的小農制度，此在本書內已言過了。惟自近年來國家遭遇非常，人民負擔奇重，乃造成一種人民輕視土地，甚至放棄土地的反常現象，故本計劃施行上之優越條件，在目前實受到了政治的嚴重摧殘；然它在治河方策上的優越性却依然存在，故希望水利界的人士們，我們盡可能先籌劃一個實驗區，一俟政治復常，人民的投資經營仍然可以爭取到的，因爲我總不相信，食糧被人重視，而生產食糧的土地反遭人厭棄，『生之者日寡食之者日衆』的這個局面，會長久推下去而不變，所以本計劃施行上的優良條件，將來也一定要來到的。

對王廷翰先生對本書批評的申辯

此書寫作時著者居薩石東關自己所開設之藥肆內，所謂『偏僻小地攻斯道者周圍再無一人，切磋討論之益恐未得着』。不學無術的我，而且還是一個處女作，在將要問世之前，心上實在感着高度的惶恐，蓋深恐自己所說的話太無常識太外行致貽笑方家也。所以稿竣將及二年，一直把牠在箱子裏邊擱着，好容易找到一個來平經商的機機會了，乃設法鬼混到兩張『通行證』（因我所住的是『解放區』，出彼區入此區均須得到官家的許可，領有『通行證』後方可通行也），不遠千里來此，原想將散稿就一個水利專家們改後再行發表，但來此數月，自己寫信，托商界中朋友介紹，多方鑽營，然心願終未達到。是文化城雖大，文化人雖多，然以身分交游關係，實無緣接觸也。所以就不顧將來之譏笑指責，決計將此一手完成之草稿，即行付印問世，冀由此造出與水利界接觸之機會；然天下事，多半是走的曲線，我的主意已經道樣決定了，進行謄清之際，忽於無意中又露出一個與水利界接觸的機會來了。

臨汾張公閬亭，我晉教育界名宿也，一日偶訪余友，適見余稿，甫讀序文數頁，即以詫異之目光視余，蓋當時余為一樸陋之外縣小商人裝束，絕不類斯文界中人，及詢以所受教育程度，乃益表嘉許，此後每隔一二日即將余謄清之稿取回勘誤後再行送來；並謂王君廷翰現任水利委員會視察工程師駐平，且曾在治河事業上服務多年，（後敘王君之批評信中謂民國十八年伊即任技正之職管理黃河工程）一俟抄竣後，可由伊請王君轉呈薛委員長與我作一篇序文，則此書之身價可由此抬高，而且或者再予我一個小規模試辦的機會豈不更好。張公如此盛情幫忙，而且門路又是這樣的好，求教無門的我，豈肯失此良機。待月餘抄竣後我即以此事相請，張公謂伊已與王君面會函商過數次，王君答以治河載籍古今中外夥矣，然皆陳陳相因此抄彼襲，而確實可用之方策，現尚未有，成君之稿如欲轉呈須先經伊審閱，如果有轉呈之價值，自可照辦也。於是我當即將敝稿托張公轉遞，經王君數日之審閱後，將敝稿原璧繳還，並附伊審閱之意見信一封謂：『成君黃河初稿，劉覽一次……惟黃河治理，自有史以來，聚訟未結各有見地，如宋之歐陽修與王安石，賈昌朝與李仲昌等，對於治河所見相反，激辯甚烈，要在爭一個『是』字未見其不可也。黃河撓蜒太長，流域面積太闊，若云治理，必須窺其全貌，標本兼施方可為功，若以局部規劃近於補偏救弊，此一隅之說也。成君披讀防洪山溝沃田，果能實施，乃補充溝洫制度最良之法，亦不過慢性治河之一途耳……』。據此我的書是沒有轉呈的價值了。

轉呈的事原屬人情，我實無話可說。惟對著作之看法，則係為學說爭是非，對國家盡忠忱，王君之批評如此，我之申辯亦如此，希世之水利家亦莫不如此。『願大家都以坦白的愛國熱忱，與純潔的科學態度』來討論這個治河大計，『是』者崇之，『非』者黜之，這無論對個人對國家都是有益的事。

（甲）我們先討論本書所提供之方法，其適用之範圍如何，牠究竟是否一隅之說。黃河講治之病象有二：一爲牠的流量暴漲暴落，二爲牠水裏邊所含之泥沙太多。此刻我們也不必管牠幹流如何長，支流如何多，流域面積又如何大。緊要的是我們要先究明造成這兩個病象的原因何在。本書在第四章第三節戊項『對李賦都先生疑慮的解答』內，對於造成這兩個病象的原因，已有詳細的分析，現在可總括一句說，黃河之病象有二，而原因則爲一個，即『山坡洩水』（不論是沙或土凡平地俱不洩水，石質的平地可能洩水。但石質的平地世上沒有，對此問題可參閱對李君的解答。）凡有山坡，必有溝澗，一切溝澗內俱可用築壩方法，處理其爲害河流之山洪與泥沙。非但黃河，世界上那一個河流的病因與治法不適於這個邏輯？豈得謂之一隅之說。本書提供之山溝築壩，其方式有二：（1）淤田壩 （2）非淤田壩。

（1）淤田壩—施行範圍之大小，視已行農耕的坡地面積之廣狹而定，蓋已行農耕之坡嶺必覆有土層，耕墾之土層上雨水沖刷較易，沖刷易則山洪裏所含泥土之量必多，含有大量泥土之山洪，則可利用之在溝谷內淤爲田地，此自然之理，亦築壩淤田所需之自然條件也。雖然自然條件具備，又須有相當稠密之居民，倘居民稀少，人人有足够之現成田地耕種，淤田之事必鮮有人經營矣。（參閱本書概論）本書原係一個理論上的建議，牠並非計劃案，所以關於築壩之規劃，只舉我縣之綏水流域爲例，所言人口日繁，因土地不足而形成之山溝築壩運動，由字句間可以看出來，那是著者親身直接體會到的少數村庄情形。著者原以本書的性質關係，本舉一反三之義，只舉例說明，而有些人或不免以爲只是敝縣如此敝村如此，總之，恐怕牠的範圍不够廣，情形或有異—即別處居民或不够稠密—而是一個無足重視的局部規劃，一隅之說。

『西北之面積，按之葛德石（G.B.cressey）之黃土高阜地五二四、六五四平方公里，按之黃河水利委員會所計算黄河流域面積（平漢黄河鐵橋以上）七六五、六八四平方公里。在此面積中之地形，可分三類：曰沖積淤地，曰山嶺，曰黄土原地。末者以爲水沖蝕，多現溝壑之狀。

黄土爲西北區域，亦即爲黄河流域之主要土質，爲風所携帶而散佈者。亦有遂於水者澱於湖者，然其面積甚小。黄土之面積按之葛德石爲一一九、〇九〇平方英里，或三〇四、八七〇平方公里。按之翁文灝蘭州高原以上六〇、〇〇〇方公里，蘭州至寧夏一段五五、〇〇〇方公里，渭河流域一六、〇〇〇方公里，洛河流域一六、〇〇〇方公里，汾河流域一一、〇〇〇方公里，豫西三、〇〇〇方公里，共計一七一、〇〇〇方公里，山嶺所佔在本區內不及四分之一。沖積淤地則限於沿諸河流一帶之寬，按之華格納（W. Wagner）不過全域面積百分之二。黄土層積之厚按之薛美克納（Schmitthenner）六〇至八〇公尺；葛德石謂鮮有過一〇〇公尺者。

又按葛德石根據一九二六年郵務局調查計算，黄土高阜地全域居民數爲四千三百九十二萬三千一百零四人，每平方公里有八十三人，農作之地共一三五、八三三、四〇二畝，爲全域面積百分之十七，每一居民平均分配三、一畝。若但就農作之面積計算人口密度，則每平方公里有四百七十九人。

開昌芸根據史替曼教授（H.Strmme）計算但澤（Danzig）上等地五公頃（合八十一畝四分每畝產小麥二百零六公斤）次等地一七、五公頃（合二百八十四畝八分）平均爲一一、二五公頃（合一百八十三華畝一分五釐）方敷中小農家一家耕種及生活之需，今西北號稱地曠人稀，每戶以八口計，亦不過有地二四、八畝，與史替曼教授所提標準相差七至八倍，人民生活程度之相懸若此（以我國西北土地生產力之低微人民生活程度之相懸實不止此）」（上節錄李儀祉著：西北水利問題）

上面所說是黄河流域黄土高阜地的面積分佈及該區域內土地不敷分配的情形。在晉東北，冀西察南等地，我親自看見到有許多黃土邱陵地，就不在上述的範圍之內，大體上說，華北是個黃土區，除去平地，就是山地，何止我見到的一點。我們再進一步言，有山的地方也不止華北，別的土壤上也何常無沖蝕之情形發生？葛德石區分中國地理，除黃土高阜地外（即上述之黃河流域）尚有山東，遼東，及熱河嶺地，東滿嶺地與安嶺地，中央嶺地，江南邱地，兩廣邱地等，難道這些嶺地邱地，就沒有些覆有土層已行農耕的面積嗎。要是有的話，那些地方雖非黃土，也一定有沖蝕之情形發生。記得在事變前於新中華雜誌上，曾載有一篇題名爲『資源保存與民族復興』（十餘年前讀過，原題名是否這樣記不很確。）的一篇論文內說：在長江上游的四川山裏，因人口日繁，居民砍伐森林，易爲農耕，但因雨水沖蝕之故，耕不了幾年，土層就被雨水完全沖去。（大概因爲那裏的土層，沒有我們華北黃土層那樣厚，所以耕不了幾年就被雨水沖光了。）變成濯濯的石田。以後森林也培植不起來了，居民生活也失其憑藉，而沖走了的那些土壤，當然也是沉積於長江的下游製造汛濫。那位作者對於這種情形的處理方法，是主張把那裏的居民遷移到別處。（然而那裏有空地可遷呢？）他又說中國要成爲富強之國家。不一定要四萬萬人民，有一萬萬二萬萬也行，因爲山裏的那些人民爲了他們的生存，破壞了上游的資源，製造成下游的禍害，連累的整個國家不能富強，民族不能復興，而他們的生活還是愈益陷於絕境。（大意是如此原文記不清了，我在本書序文裏所說，我對於山坡普遍地造林治河，懷有激烈的反感，這個反感，就是讀此文後所生的。）這個遷民減民的方法，與著者之山溝壘壩淤田方法，在執行上何難何易？在保護資源及防止汛濫的效益上又何大何小？讀者不難互相比較，山溝壘壩淤田，又豈止適宜於黃河流域哉。

我國號稱以農立國，而土地不敷分配若此，乃年有大量之食糧輸入，去年美國農業技術團來華考察，其歸國後之結論，亦只歎我國人口太多，而救濟之道未見下文（新聞紙上報道如此）誠以解決土地飢荒，增加食粮生產，實在不是一件容易事。著者所擬之山溝築壩淤田，對於改良土地增加生產，固然來的緩慢，然共『輕而易舉成効可期』（此二語爲軍事委員對拙作『抗戰建國中之治水防旱問題』一文之批語，當時曾將拙作送交山西省政府採用，後因政治起變化，做縣已非山西省政府之政令所能及，故我以平民資格組織農業生產合作社，本書內屢有所言即屬此事）即捨共治河方面之價值不談，只對於農業方面言，牠可把漸趨絕境的坡嶺農業，使得另轉向一個光明的前途漸進，我認爲牠是現實社會的迫切需要，王先生却把牠與可有可無的古代文人筆舌之爭等量齊觀。世之對我國食糧問題—尤其是坡嶺的農業前途，不感危機者無論矣，關心國計民生之士，倘對這些問題尋求一個解决之途徑，著者之此書，或不無一加參考之價值也。

（2）非淤田壩—即本書第四章第三節所說的『D另一個補救辦法』，即處理不具備淤田條件的荒山廢谷的山洪之方法也。黄河所收集之山洪雖多，然均係來自坡嶺，黄河流域之坡嶺雖多，然不外農耕的與非農耕的兩種。農耕地區的山洪，我們淤了田，非農耕地區地山洪，用這個補救辦法把牠存蓄於山谷之內，在邏輯上說，實在均有歸宿無所遺漏了。現在我們是要討論這個補救辦法，在實施上的經濟義意如何，要是經濟義意欠合理，碍難施行，事實上還是等於說空話。

現在我們所用的治河方法，是下游沿河兩岸築堤防，然而隨築隨壞，既無永久之價値，亦難達完全之目的，我們考杏致此之由，實因下游平地束水困難而石料又感缺乏，不易修築大可容納最高流量，堅可支持歷久難毁的堤防之故，所以每年要花巨額的治河經費，而每年所受水患之損失還是難以數計。我們在上游山谷內築堰蓄洪，情形就完全反是，因谷口狹隘而蓄水易，石料易得可築成堅實之谷堰；又這些非農耕區的山洪其含泥量少，堰內不慮淤廢，眞是可以一勞永逸收効十足。我們修築這些上游谷堰，也許用不了下游二十年三十年的治河經費，而可以得到七十年八十年不發生汎濫的効果，治河的事半功倍之訣，或許在此。又迄現在止，各方所提供之治河方法，無非是「以水攻沙」這種方法，即使細現了十足的功効，亦不過免除汎濫而已，可以造益於人生的水，還是令牠白白的流走了，倘我們在上游山谷內蓄積起來，可以灌溉農田增加生產，可以調濟河中流量便利航運，而且堰內蓄積的水裏邊，還可以講求繁殖水產動植物之道，不使其成了無用的荒溝廢谷。現在一般人都在聯絡，試驗，籌財政以全力圖謀這個「以水攻沙」的理想實現，何不試一着實研究，投上同樣大的經營，能否將上游的谷堰建築起來而收到更偉大的効益。農耕區的淤田壩，是要利用當地人民的力量修築，而非農耕區，谷口內閭荒廢無人，而谷口外則多係繁庶的灘岸或平原，農耕區的淤田壩，是要在溝內節節修築，非農耕區的蓄水壩，只要在谷口部修造一堰就行，谷口部修築壩堰之處，距谷口外之居民必不遠，修築好谷堰蓄積起水來，將來可以灌溉他們的田地，對他們將有莫大的利益產生，比方說要灌溉五萬畝田地，以每孔井灌溉五畝計，則共須有井一萬孔，我們固不能一概而論，但多數的場合，築一個可灌溉五萬畝田地的小谷堰，要比鑿一萬孔井省事的多；而且井水灌田，昇水工作是絕對少不了的，而世界上無論那一個谷的底部，總要比牠谷外的田地爲高，谷內所蓄之水可自流田中，一年中不知要省却農人的多少昇水工作，且因設有谷堰之故，可使谷水由高瀉下，可利用此力量於附近興建水磨或小型發電，這都是有此可能而並不與農田灌溉衝突的事，且過去田中之井水來源，無非潛存的一點地下水，故多患水源不足，每遇天旱，田內需水甚急，而井水反乾了，有井亦等於無，我們修築好蓄水的谷堰之後，所有雨量除蒸發而外，可全用於田中，此又係鑿井所不可及之優點也。基於這些道理修築非農耕區的蓄水壩，亦有發動民力之可能，非必盡賴公家力量也，不過要公家研究一個發動的技術，與準備幫助的力量。這個辦法，在經濟意義亦具有如許的優良條件，所以我對於牠，也和農耕區的淤田壩一樣，認牠具有光明的前途，對牠感有濃厚的興趣。

（乙）我們再討論山溝築壩淤田，究竟是一個快速的治河方法呢？抑眞如王君所說：「亦不過慢性治河之一途耳」。　製造下游汎濫之洪水，係由上游無數的山溝匯集而來，所以只要上游每一個山溝裏的壩堰都完成了，下游汎濫之害也就沒有了，這該是一個合乎邏輯的說法吧。上游山溝築壩，是要以天下之人治天下之水，即是各地之居民分頭於各地之山溝內建修築壩堰，我在本書結論第二段內曾說：今假定有集水面積三十方公里的一道溝，以每方公里居民七十人計算，除去婦女老幼，能工作者以十分之三計，則共爲六百三十人，以每人每日築成壩堰一土方（長寬各一丈高一尺），計一個月內可築成高三丈寬三丈之土壩堰二百一十丈長。又假定此溝平均寬爲三十丈，六百三十人一個月內，便能在此溝內築成高三丈寬三丈的壩堰七道，一個溝內有一道足攔山洪之壩堰，淤田之利即可收，下游汎濫之害亦可免。然我不能據此即下結論，說用我的辦法，可以像民間所傳說，秦始皇走馬築長城似的，各地雷厲風行，一個月之內就要把天下之水患治淸；甚而至於像構築戰地緊急工事一般，動員所有老幼男女，把日期可以非常縮短。我認爲這是一個龐大的和平建設事業，政治上的準備，社會方面的宣傳，以及執行起來有些地方或發生特殊事故的障礙，在在足以稽延牠的普遍完成，所以我在本書第四章第三節乙項A款內說：「這個目的三五年內就有實現的可能，」這對於工程需要日期外多估了多少準備日期。還有一層，我寫此稿時，還沒有見到李儀祉先生所著的西北水利問題，對於黃土邱陵地人口密度問題，按自己親眼所見到的情形，人口實在也相當稠密，然這是一個準備治理整個黃河的書，何敢將自己所見到的一點局部情形即作爲根據。於是只好翻自己所有的地理書，那些書上有的說每平方公里有一百人，有的說每平方公里有五十人，於是我就折中爲每平方公里七十人，好在書內也是個就事假設，並不是自己負責告訴人家實地情形。及此次來平見到李儀祉先生的著作，謂在西北農作之地面，平均每方公里有四百七十九人。（大概我所翻的地理書他們是以所有的一切土地平均計算）比我結論中的假設人口多了六倍強，這當然是對我的理論的成立，又多加了一個有利的發現，但書內我也就不改正了，因爲人家所擬的下游治道工程—即實現「以水刷沙」的目的，說是三十年後方能竣工（參閱本書，結論一段），我的這個治本方法，只需三五年已是多估，何必將多餘之理由用盡，蓋在我之意，以爲需時三五年而能將黃河治好，也儘够採擇的價值了，不料經王君一看，還嫌這個法子來的慢，連轉呈當局一顧的價值也沒有。現在我也不是要負氣反問快的法子在那裏，而是現在上游枯乾荒旱，下游盡成澤國，擱着現成的「慢」法子不用，而一定要於渺茫中研究一個「快」法子，這種作風，貽誤國家非淺。

還有些關政治的人則說現在政治不統一，我的這個法子難執行，因此也就把牠認爲一個無補於時可以不談的慢法子。我認爲這種說法也不對，因爲倘據此而論，則現在河南花園口的一個堵口工程，也因政治不統一而難執行，難道我們可以把現在的水利工程的研究工作也放棄了嗎。而且我的這個法子「辦一村有一村的利益，辦一縣有一縣的利益，」雙方果然爲國爲民打算，儘可在各自範圍內單獨舉行，而受不到對方的牽制，謂政治不統一而不能執行者推辭也。

山溝築壩淤田，對於我所說的改造坡嶺地形，改善山溝交通等事，牠實在是一個慢法子，對於治河，在目前所有的辦法中，他是最快的一個。

（丙）王君又說：「若云治理，必須窺其全貌標本兼施方可爲功，若以局部規劃近於補偏救弊」。王君所說的「標」，大概是指下游的堤防等事吧。從著作的範圍上說，本書說的是治本，即不談治標也未爲不可。從事實的需要上說，在不能治本時，才要治標，若能治本，何須治標；或者王君見本書內對於黃河兩岸的堤防工事，沒有個具體的規劃，就以爲無論如何，將來的黃河上還能沒有堤防嗎？其實著者認爲渠化了的河流也是要有堤防的，然而書內爲什麼不寫呢？理由是：本書是一個理論上的建議，凡理論上的建議只要舉例說明就行。本書在『已與河北河流治本計劃比較』內，著者對於將來的淑河是如何規劃，讀者可以參閱，淑河是那樣作法，其他支流及黃河幹流，無不可以類推，若一一依樣葫蘆的規劃起來，那簡直是文章上的笑話。至於王君說我的辦法，近於『補偏救弊』，我認爲『補偏救弊』，也是值得提倡的好事呀。

（丁）我在本書第三章第一節，引川李儀祉先生所著『森林與水功之關係』一文，以申論造林在治河効益上之不足重視，王君亦加以反駁謂：『造林之主要目的，原在節制泥沙，其重心不在遏流不遏流耳』。現在我們專討論造林一事，對於節制爲害黃河的泥沙，其功効將能發揮至何種程度。

（A）先假設造林可以保護地面節制泥沙—本書是討論治理黃河的書，所以我們先研究造林一事，對於節制爲害黃河的泥沙其效益將能發揮至何種程度。黃河裏的泥沙，係由山洪帶來，山洪發生於山嶺。黃河流域的山嶺雖多，要不外下列三種：（一）石山，（二）未開墾的土山，（三）已開墾的土山。（一）石山上並無土屑掩覆，實地上既造不起林來，且由治河觀點上說，既無土屑存在，也不須節制，所以那種地方可以不談。（二）未開墾的土山上，不是林便是草，林可以節制泥沙，王君已經承認了，繁殖雜草苔蘚的地面，據一般治河文獻的報道，謂其對於防衛沖蝕節制泥的功効，較之樹木尤爲確實偉大，是則未開墾的土山，也非供給爲害黃河泥沙的源地了。（三）已開墾的土山，既無草木之掩護，又加以農人耕耘之故，一年刨鬆數次，無論從邏輯上說，從事實上看，牠實在是供給爲害黃河泥沙的唯一來源，然我們能爲節制泥沙之故，實行移民減民，把那些田地放棄農耕而改施造林植草嗎？雖三尺童子知其不能，然則縱使造林可以節制泥沙，其對於治理黃河，將如何發揮其効益乎？每見一般人所擬之築水庫及疏濬流道等治河方策，一觸及將來的河水中泥沙問題，將要推翻他們的計劃，幾成爲無發意時，則來一個『注意上游培植草木，以節制泥沙來源』以自圓其說，須知上游的荒山，縱無木也有草，根本不須你注意去培植。而農耕的田地又不能棄種五穀改植草木，則這個『注意培植』，對象何指？若云天然草木不茂，須人工加意培植，則吾不知對此等野生植物將加以肥料乎？抑施以耕耘乎？願持『培植草木……』之說者加以檢討。著者之意，認爲凡河堤渠堰－灌溉之渠堰－固當講究培植草木以堅實土面，若其於節制河中泥沙而言上游坡嶺造林，其義意實甚空洞。

（B）造林對節制泥沙之効益究竟如何－繁殖草木之地面，對於節制泥沙確是有效的，但牠不能包括了一切。比方說，天雨降落山頭，在未經形成匯集之前，若地面滿有草木，確足以保護土層不致沖蝕，但一切的山坡俱非絕對平面，多有窪陷之處，這些窪陷之處，坡水便要匯集，一經匯集沖蝕之力便強，非草木可以抵禦，而要沖刷成細小的溝渠，細小的溝渠延伸至山崖地畔，水由高處下跌，直同瀑布，我們不觀簷溜細滴之下可穿階土成穴，此種由山崖田畔奔瀉而下的瀑布之下必然要沖開一個深坑，坑內之水必找出路，水由坑底竄走，則攢爲潛溝，水由坑口溢流，則刷爲深渠，總之牠非潰爛土地不可。由各山頭奔瀉而下之水，匯集溝中，水量愈多，沖力愈猛，溝底勢必無底止的刷深無論矣，而且因溝底傾斜之故，流水左衝右突，當其衝者之山腳部被攻懸空，山崖焉有不整批崩墜之理。本書序文中所說著者門前谷地之下的那兩個階形地，就是這樣跟着溝中跑掉的。且在今日，我們也不難找到幾塊尚未開墾的黃土山地看看，牠還能保持原始風成的原貌麽。所以坡嶺造林之對於節制泥沙，在天雨降落之『面』上，確有此功効，由『面』匯集而流經之『線』上，則決無此功能。然我們已知道此種『面』上，若爲農用，則不容造林，若爲荒地，則又不須造林，是則我們若基於節制爲害河流之泥沙而造林時，其經營之對象，又非匯集坡水流經之『綫』上乎，我們又見實地情形，凡匯集坡水流經之『綫』上——即溝渠中——縱使千年古樹、凡當其衝者無不被挽拔，所謂『石裂崖崩樹木亦傾』，若云新植，直成囈語。不但此也，即一般人嚴加譴責之坡嶺樵夫野人之砍伐森林一事，若對於爲社會儲備木材言，誠屬至當，若對於節制河中泥沙言，則發意亦屬空洞，蓋樵夫野人所砍伐者爲樹木，而雜草苔蘚仍然存在也，吾見農田之中，若怠於鋤耘雜草即鼎行繁殖，又見野外之山崖罅隙，住宅之瓦縫磚殘，稍有微土存在，雜草苔蘚即行繁殖，即濯濯無遺的磚石之上，凡爲雨水所到之處，無不生有褐綠色之苔蘚一層，故吾謂自然界對於保護地面，防禦沖蝕之能事，至矣盡矣，決非人工培植所可及其萬一，然而世界上仍有沖刷之事存在者，其原因：一爲人類謀生活動之結果——如墾荒農耕——一爲其自身『能度』有限，——如上述坡水匯集後流經之『綫』上——世之屬意於培植草木以節制河中泥沙來源者，對這兩個形成沖刷事實之基本原因問題，有解決補救之道乎。

黃河治本論初稿終

中華民國三十六年三月二十日初版

著作者　成甫隆

印刷者　平明日報社

北平西城按院胡同六號

發行處　篤一軒

電話西㊂局三一八八

代銷處　各地書報社

北疆文化

治理寫入黨的文件。內蒙古師範大學組織科研力量，積極申報研究闡釋黨的十九屆四中全會精神的國家社科基金重大項目，其中『中國特色社會主義民族區域自治制度自信研究』項目獲批。我承擔其中的『鑄牢中華民族共同體意識下的民族自治地方文化自信研究』子課題，而黃河是首選文化要素。二〇二四年，該項目順利結項，我也對黃河文化所蘊含的時代價值有了更深的體會。

有鑒于此，我帶領文化遺産智能應用服務中華民族共同體建設『英才興蒙』團隊，以黃河爲主題，開展了文獻、文物、傳統工藝等多模態資源庫建設和跨模態應用示範工作。這次與內蒙古人民出版社合作出版的《黃河國家治理文獻集成》，旨在梳理和總結文獻中所蘊含的歷史經驗和文化信息，爲當代及未來的黃河治理和地方文旅産業發展提供參考與借鑒。

感謝內蒙古民族文化産業研究院、巴彦淖爾市圖書館等单位的傾力相助，感謝內蒙古自治區黨委宣傳部、內蒙古出版集團、內蒙古人民出版社對本項目的支持與幫助。

在此，也向致力于黃河治理和大河安瀾的歷代先賢與當代典範表達崇高的敬意：你們的不懈努力與無私奉獻，爲黃河的安寧與人民的福祉築起了堅實的防綫；你們的智慧與勇氣，將永遠銘刻在中華民族的歷史豐碑上，激勵後人不斷前行。

董杰

二〇二五年一月

後記

我是從數學史學習中逐步瞭解治黄史的。漢代《許商算術》的作者許商，好天文術數之事的王景、李尋善，他們既是數學家，又以治理黄河而聞名。我國現存最早的河工著作《河防通議》，將中國古典數學天元術運用到治黄工程中，創造了中國古代工程數學的一個高峰。除了數學史之外，内蒙古師範大學科學技術史研究還以少數民族科技史和地方科技史見長。李迪先生曾指出地方科技史研究的重要内容是人與自然環境變遷、科技遺迹與自然環境以及環境與生産的關係，此類研究具有明顯的現實意義和重要價值。想要通過大科學史研究，弄清變遷的原因和未來的發展趨勢，産出對于地方各方面的開發有更大、更直接價值的成果，這類研究大多離不開文獻。之後，李迪先生更是直接指出科技史研究不僅是對過去的科技工作和科技成果的回顧與總結，而且要着眼于現代，讓古人的發明創造爲今人服務，繼續在現代發揮其應有的作用。我將先生大科學史的治學理念視爲座右銘，在科研工作中更加注重讓科研成果服務于國家戰略與區域發展需求。

二〇一九年九月，習近平總書記在黄河流域生態保護和高質量發展座談會上指出，黄河流域在我國經濟社會發展和生態安全方面具有十分重要的地位。黄河流域生態保護和高質量發展是重大國家戰略。同年十月，黨的十九届四中全會提出『加强邊疆治理，推進興邊富民』，首次把邊疆